中国轻工业"十四五"规划立项教材
江苏省一流本科课程配套教材
"互联网+"新形态立体化教学资源特色教材

交互设计

Interaction Design

胡伟峰　编著

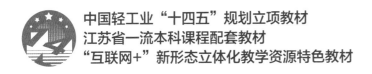中国轻工业出版社

图书在版编目（CIP）数据

交互设计 / 胡伟峰编著. --北京：中国轻工业出
版社，2025.2. -- ISBN 978-7-5184-5014-5

I. TP11

中国国家版本馆CIP数据核字第2024CF8640号

责任编辑：毛旭林

文字编辑：唐思祺　　责任终审：劳国强　　设计制作：锋尚设计
策划编辑：毛旭林　　责任校对：晋　洁　　责任监印：张　可

出版发行：中国轻工业出版社（北京鲁谷东街5号，邮编：100040）

印　　刷：艺堂印刷（天津）有限公司

经　　销：各地新华书店

版　　次：2025年2月第1版第1次印刷

开　　本：870×1140　1/16　印张：9.5

字　　数：280千字

书　　号：ISBN 978-7-5184-5014-5　定价：59.80元

邮购电话：010-85119873

发行电话：010-85119832　010-85119912

网　　址：http://www.chlip.com.cn

Email：club@chlip.com.cn

版权所有　侵权必究

如发现图书残缺请与我社邮购联系调换

240564J1X101ZBW

前言

随着社会经济技术的发展进入智能时代，新的交互形式不断涌现，交互设计作为一门综合性学科成为连接人与数字世界的桥梁，其在内容上不断融入新质，以求适应新时代语境下的社会发展要求。《交互设计》这本教材旨在为高校学生提供一种全面理解、探索及应用交互设计原则和方法的工具，以培养他们成为合格的交互设计师。在本教材的编写过程中，我们始终坚持党的教育方针，致力于培养德智体美劳全面发展的社会主义建设者和接班人，为国家的科技创新和产业升级提供有力的人才支持。

本教材共分为六个部分，每个部分都围绕数智时代下的交互设计展开深入探讨。第一部分概述了交互设计在当下社会的重要性及其发展历程，分析了数智技术如何影响设计的理念和方法，以及新形势下对设计师角色的要求。第二部分介绍了如何利用不同类型数据赋能用户分析，洞察用户需求，并将这些见解转化为设计策略。第三部分讨论了在充满不确定性和快速变化的技术环境中，如何定义产品、服务、品牌及营销，这涉及对新兴技术趋势的理解，以及对市场和社会需求的敏感度。第四部分展示了如何在设计过程中使用智能工具和方法，分别针对软硬件交互设计，提供了一系列的框架和工具，帮助学生更好地规划和执行设计项目。第五部分聚焦于评估设计成果的手段方式，包括如何进行有效的用户测试和量化用户体验，旨在帮助学生不断完善和提升设计方案。第六部分则是将理论与实践相结合，通过案例研究和实际项目，让学生亲身体验从概念到产品的整个设计过程。此外，本教材还致力于帮助学生培养跨学科的思维能力、创新意识和解决问题的能力。

本着以贯彻党的二十大将教育、科技、人才进行"三位一体"系统集成、一体部署的指导方针及精神，本教材立足于"大思政"视域，将专业学习与思想政治教育相统一，强调将社会主义核心价值观与设计理念相融合的重要性，引导设计学科学生树立正确的价值理念，并将交互设计教育与新时代高质量发展要求相衔接，打造设计学科领域的优质高等教育教材。鉴于作者水平有限，本书中可能存在一定的偏颇、疏漏或差错，请各位专家和读者在宽容理解的同时，也能慷慨指正！

胡伟峰

目录
—

课程 学时 安排表

章节	课程内容	学时
一 交互设计概述	1. 交互设计的概述与发展	4
	2. 交互设计数智化趋势	4
	3. 交互设计人才培养	4
	4. 数智交互助力高质量发展	2
二 用户研究	1. 用户研究概念及对象	4
	2. 用户研究方法	4
	3. 数据驱动的用户研究	4
	4. 数据类型与选用策略	4
三 产品定义	1. 市场研究与商业场景	2
	2. 需求感知与转化	2
	3. 服务模式与系统	2
	4. 品牌策略与案例解析	2
	5. 营销机制与案例解析	2
四 交互设计工作流程	1. 软件交互设计方法	4
	2. 软件交互设计流程	4
	3. 智能交互软件专题	4
	4. 硬件交互设计方法	4
	5. 硬件交互设计流程	4
	6. 智能交互硬件专题	4
	7. 交互设计案例分享与解析	4

章节	课程内容	学时
五 产品测试与体验度量	1. 用户体验概述	4
	2. 用户体验度量维度	4
	3. 用户体验度量方法与工具	4
	4. 可用性评估与练习	4
六 设计应用与项目实践	智能产品交互设计实践	36
	总课时	120

数智时代下的交互设计

　　工业革命4.0正在发生，物联网、人工智能、自动化、机器人和智能传感系统等新兴技术开始从根本上改变未来的生活以及社会的发展方式。2023年中共中央、国务院印发的《数字中国建设整体布局规划》强调："按照夯实基础、赋能全局、强化能力、优化环境的战略路径，全面提升数字中国建设的整体性、系统性、协同性，促进数字经济和实体经济的深度融合……"同时，规划还明确了数字中国建设按照"2522"的整体框架进行布局。数字技术是推进现代化发展的重要驱动力之一。在此背景下，基于"数字"技术而延伸的"数智"一词开始频繁地出现在技术、产业转型领域。深入地认识数智时代的技术特征，揭示数智技术对交互设计领域的核心改变，探索新型、适合数智时代技术特征的方法和范式，才能更好地应对飞速发展的数智技术所带来的各种挑战与机遇。

1.1　数智时代下的交互设计概述

1.1.1　"数智化"的定义

　　基于我国国情发展需求与数字化转型的双重视角，本书首先将重点对"数智化"的含义进行阐释。"数智化"一词近年来频繁地出现在计算机、经济学、管理学、医疗健康等领域中。"数智"一词具有多重含义。作为一个专业术语，从心理学和教育学研究角度理解，数智或数字智商（Digital Intelligence Quotient）是一种人类能力，能够帮助个人更好地适应信息与技术社会[①]。本书对于"数智"的理解接近于计算机科学和经济学中经常使用的"数智"，采用一种科技的视角。当我们试图定义"数智化"时，应首先将"数智化"进行语义拆分。在科技视角下，"数智"可以理解为与"数"与"智"相关的技术。"化"在汉语言文字中有"使事物的性质或者形态发生改变"的意思。因此"数智化"一词的内在逻辑是数智技术的飞跃发展导致某领域发生技术性改变。国外文献中关于"Digital Transformation（数字转型/变革）""Intelligent Transformation（智能转型）"和"Digital and Intelligent Transformation（数智转型）"的研究，探讨的也是"数智化"带来的变革问题，属于本书对"数智化"的理解范畴。

---

①　MITHAS S, MCFARLAN F W. What Is Digital Intelligence? [J]. IT Professional, 2017, 19（4）: 3-6.

表1-1 "数智化"的构成与内涵

范畴	内含	解释
数字化	数字化	数字内容，数字化流程，例如传统媒介到数字媒介的输出转化，数字模型，数字孪生
	信息化	将传统的工作流程转化为在线电子形式从而成为计算机可以处理的信息，例如ERP系统
	大数据	大数据主要是指传统数据处理应用软件无法处理的太大或复杂的数据集
智能化	云计算	不限速度的计算能力
	普适计算/边缘计算	智能端设备进行本地化数据计算与分析的方式和能力
	人工智能/机器学习	计算机模拟人类智能
网络化	物联网	人和环境数据的采集与信息交换方式
	区块链	去中心化网络计算模式
	5G互联	第五代移动互联网

注：表中所包含的技术内容仅用作列举相关文献中提及的技术案例，并不能完全代表"数智"包含的所有技术内容。

表1-1呈现的每一种定义中对于"数智"中的"数"或者"智"都进行了狭义的界定。"数"着重体现在信息数据的采集方式、呈现方式和数字信息的体量。"智"着重于机器的计算效能和智能模式。"网络"强调数据与计算的沟通方式而这三者之间又存在着密不可分的协同关系（图1-1）。

通过对比不同年代对数字化与数智化的定义，可以发现"数智化"是一个随着技术发展从"数字化"演变而来的概念，也是一个根据不同时代计算机技术的发展而不断拓展的定义。"数智化"作为近几年来在中文语境下出现的专业名词，体现了机器智能模拟人类复杂智慧的技术发展趋势。

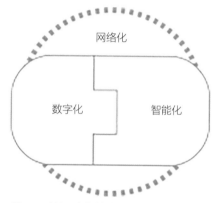

图1-1 数智时代数字化、智能化和网络化之间的协同关系

"数智化"是一种面向机器智能并服务于人类智能的技术演进趋势。本书对"数智化"的理解不局限于当下的技术范畴，而是以一种发展的动态视角去接受数智技术的迅速迭代。数智化是数字化、网络化以及智能化三个方面技术的协同发展，驱动各个产业的运作模式与服务方式的变革或重塑。技术的发展使得数智化经历了从信息化、数字化、智能化到数智化的转型，在这种数智化转型的背景下，技术发展需要在满足人类对机器智慧需求的同时，达到人文智慧共现的最终目标。人文智慧是人类智慧与机器智慧和谐共生、相辅相成的共进状态。

1.1.2 迈向数智化的交互设计

人机交互在不同的发展阶段被不同的研究者赋予了多种定义，如今较为主流的定义有三种。一是由美国计算机协会ACM（Association for Computing Machinery）提出，将人机交互定义为是研究人们如何设计、实现和使用交互式计算机系统以及计算机如何影响个人、组织和社会的学科[①]。二是根据伯明翰大学教授 Alan

---

① MYERS B, HOLLAN J, CRUZ I, et al. Strategic Directions in Human-Computer Interaction [J]. ACM Computing Surveys, 1996, 28（4）: 794-809.

Dix的观点，将人机交互释义为多领域之间研究人与计算机系统相互作用方式的学科，而计算系统则是为了一些人类的目的，并在人类的环境中与人类交互的系统[①]。第三是宾夕法尼亚州立大学John M. Carroll提出，人机交互指的是人类寻求理解计算机和计算机技术支持人类的互动，这种交互的大部分结构来源于技术，并且许多干预必须通过设计技术进行[②]。"交互设计（human-computer interaction design）"一词诞生于个人计算机的出现，随着时代的发展，"机"已经不仅仅指"个人计算机"，而代指一切信息系统。

1.1.2.1 个人计算机万维网时代的交互设计

我们将20世纪80年代初，个人计算机的诞生时间作为本书对"交互设计"的研究时间起始点[③]。20世纪80年代，个人计算机开始普及，应用软件的数量也随之增长，这让易用性问题逐渐凸显。1983年，苹果公司推出了全球首款个人电脑——Apple Lisa，它首次集成了图形用户界面（Graphical User Interface，GUI）和鼠标控制功能，奠定了以窗口（Window）、图标（Icon）、菜单（Menu）和指针（Point）设备为基础的图形用户界面，即WIMP图形界面的基本形式。相较于早期计算机使用的命令行界面，图形界面在视觉上更容易被用户接受，提升了计算机的易用性、易学性。因此，在个人计算机和万维网的时代背景下，交互设计领域关注以易用性、可用性等人因工程学范式驱动的图形化界面为主的人机交互。

1.1.2.2 万物互联时代的交互设计

技术在不断地以人的需求和习惯为导向进行迭代和优化。同时，"人机交互"领域中，除了人因工程学，心理学、社会学等与"人"相关的诸多学科知识也开始被融入交互设计研究范式中[④]，交互设计的研究框架呈现出跨学科的研究特性。对用户界面、系统逻辑框架、交互设计的核心设计对象、用户行为和心理模型的研究也使得交互设计趋于人性化、精细化、个性化。

2007年，苹果公司首次向全世界公布了iPhone和iOS操作系统，标志着移动通信和计算新时代的开始。iPhone的出现彻底改变了手机市场的格局，同时也推动了移动应用程序市场的爆炸性增长。它的设计理念和革新性技术，如多点触控、高清显示屏和简洁直观的用户界面，让人们对智能手机有了全新的认识。同时，iOS操作系统的发布也是一个重大的里程碑。iOS的出现为开发者们提供了一个稳定、易用且功能强大的平台，从而催生了众多革命性的移动应用程序。此外，iOS的出现也让人们认识到，操作系统不仅仅是支持硬件运行的基础设施，更是连接用户与应用程序的重要桥梁，对于整体用户体验有着关键的影响。2008年，谷歌推出了开源移动平台Android。iPhone和Android引入的多点触摸和传感器理念，改变了移动智能设备的交互方式。

随着移动设备端的丰富和互联网数据传输速度的提升，在万物互联和普适计算的交互场景下，实物交互界面（Tangible Interface）和自然交互界面（Natural Interface）成为核心交互技术模型[⑤]。2011年，苹果公司推出了革新性的语音助手Siri，标志着以语音交互为代表的自然交互界面时代的到来。此后的几年中，谷歌、亚马逊和百度也相继推出了Google Assistant、Alexa和DuerOS等语音助手产品，加速了语音交互技术的普及和发展。这些语音助手的核心技术是基于人工智能的自然语言处理技术，它们能够理解并响应人类的语音指令，从而实现人机之间的交互。随着人工智能技术的进步，深度学习、神经网络和机器学习等技术促使语音交互的准确性和自然性不断提高，人与机器之间的交流更加流畅自然。

① DIX A，FINLAY J，ABOWD G D，et al. Human-Computer Interaction [M]. Harlow: Pearson Prentice Hall, Inc, 2003.
② CARROLL J M. Human-Computer Interaction: Psychology as a Science of Design [J]. Annual Review of Psychology，1997，48（1）: 61-83.
③ 许为. 三论以用户为中心的设计: 智能时代的用户体验和创新设计方法 [J]. 应用心理学，2019，25（1）: 3-17.
④ RITTER F E，BAXTER G D，CHURCHILL E F. Foundations for Designing User-Centered Systems: What System Designers Need to Know about People [M]. London: Springer, 2014.
⑤ ISHII H. Tangible bits: beyond pixels [C] //Proceedings of the 2nd International Conference on Tangible and Embedded Interaction. 2008: xv-xxv.

1.1.2.3　数智时代的交互设计

万物互联的技术性革命让人类每天产出的数据量急剧增长。随着人工智能的飞速发展，可穿戴、物联网、VR/AR等技术范式不断革新。这些技术的发展促进了智能设备对环境和人的感知与信息获取，从而促进了大数据的采集，大数据的输入又促使机器智能进一步迭代。进入数智时代，交互主体和空间开始发生改变。

首先是交互主体的转变。交互设计进入一种系统化、人机协作、人机融合、空间交互的交互技术模态，即人和机器成为两个认知主体（Cognitive Agents）。交互主体不再仅仅是"人"，而是转为人和机两种智慧协作的共生模式。因此，人机交互演变成"智慧人"和"智慧机"的智能主体之间的交互模式。例如，在汽车的驾驶过程中，车的自主安全系统和驾驶员的安全驾驶意识就是两种智慧的协作模式，这种数智的进步一部分源于传感技术和嵌入技术的飞速发展，使得机器对人和环境的感知能力增强。另一方面，源于人工智能的改革性创新，人工智能系统代表了人类、数据和算法的融合。数智时代是机器模拟人类智能的时代。通过研究人类的思维模式，计算机建模，大数据训练，从而在某些特定任务中实现机器智能模拟人类智能，甚至超越人类智能。交互设计不仅需要贯彻以用户为中心的设计理念，理解人的心智模型以及行为，也需要了解机器行为及其背后的智慧原理，并且呈现这种智慧原理，从而使得用户理解机器智能及其行为。例如，人工智能类产品的交互界面需要使用户了解AI系统可以做什么、在什么情况下会犯错等解释性内容。

其次是交互空间的转变。图形交互界面转到空间界面，信息空间转换到物理空间，从数字二维图像转为三维数字世界的虚拟现实，以及数字世界与真实世界融合的混合现实的数字空间交互界面。例如，元宇宙的诞生标志着交互空间的虚拟化转换，这种交互空间的转化体现在社会空间中，体现在一些人通过机器智能产生的社会/社交空间关系上。这种空间的转化还体现在一些社交相关的机器，例如具有社交属性的机器人参与的系统中。

1.2　数智技术赋能交互设计

本小节我们将阐述交互设计从"数字化增强"到"数智赋能"的发展演变。首先，可以用一个例子简要地说明"增强"和"赋能"的效能区别。"增强"相当于人驾驶汽车出行，汽车提高了通勤效率，也提升了人移动的速度并节省了体力。而"赋能"则相当于使用搭载智能无人驾驶系统的汽车，它不仅能延续汽车的传统功能，还可优化路线、解读路况，将人的双手从方向盘上解放出来，提高用户的行驶体验。

1.2.1　数字化增强效率提升

在个人计算机飞速发展的时代，计算机辅助的数字化表达，能够为交互设计的输出提供有力的工具。数字化建模提高了设计师的输出效率和设计表现力，同时，使得设计团队能够更高效地存储、流通设计资料，辅助设计协同。在早期，数字化工具在创意和概念设计阶段发挥重要作用。例如，计算机辅助设计（CAD）软件和绘图工具可以帮助设计师快速创建和迭代设计概念。CAD工具提供了丰富的绘图和建模功能，设计师可以利用预定义的形状、符号和模板快速创建设计元素，从而快速生成设计概念并进行迭代改进。其次，CAD工具具备高度的精确性和准确性，设计师可以通过CAD工具进行精确的尺寸测量、位置调整和比例控制，同时自动检测和纠正设计中的错误和不一致性。此外，CAD工具提供了强大的可视化功能，设计师可以通过3D建模和渲染功能将设计呈现为逼真的视觉效果，通过创建交互性的演示设计概念、模拟用户体验，帮助设计师更好地理解设计的外观和交互效果。此外CAD工具还支持设计数据和信息的有效管理，设计师可以创建和维护设计的元数据、标注和注释，以便在交互设计团队中共享和沟通，实现设计数据的版本管理和协同工作，进而促进设计团队的合作和交流。最后，CAD工具也支持设计的工程化和生产准备，设计师可以利用CAD工具创建详细的设计规范和工程图纸，包括尺寸、材料、结构等信息，以便于生产制造和实施，并生成相关的文档和报告，以支持设计交付和项目管理。

1.2.2　数智化赋能价值创造

数智化技术的发展将交互设计代入数智"赋能"时代。在后续章节中，我们将详细介绍具体的技术如何赋能交互设计，推动价值创造。本小节我们首先简要地介绍数智化如何赋能交互设计，超越效率提升层面，实现高维度价值创造。低成本设计工具和集成工具飞速发展，使可复用的设计语言和模块化、低代码工具快速普及，让交互设计师的技术学习成本大大降低，不同教育背景的交互设计从业者的协同变得更加流畅。例如，在Touch Designer模块化编程工具（图1-2）的应用过程中，开发人员将各种视觉元素的编码打包成模块化组件，只需要通过视觉组件的排列链接就能够构建交互程序。设计人员不需要编写复杂的代码就能够实现功能，非计算机编程背景的交互设计从业人员也可以在这种集成构建的环境中编写程序引擎和用户界面，创建简单功能原型或完整的应用程序。这极大地提升了团队中不同专业背景人员的设计沟通与设计协同效率，同时简化了开发流程，加速了开发速度。

问题解决能力和创新能力是一种高阶的人类智慧。数智融合环境赋予了机器智能强大的智能计算能力、广泛的数据语料资源、通用的任务训练模型以及灵活的信息参与模式[①]。基于此，信息资源的服务场景化涉及数智技术如何为人类服务、为人类创造价值，是数智"赋能"交互设计领域的重要技术维度。人工智能的高效性体现在其强大的计算能力、连接性、超长待机性以及算法的可更新性和规律性。具体来说，人工智能可在短时间内对大量数据进行极高频次的计算，并迅速、高效、得出准确结果。此外，人工智能实质上是一个

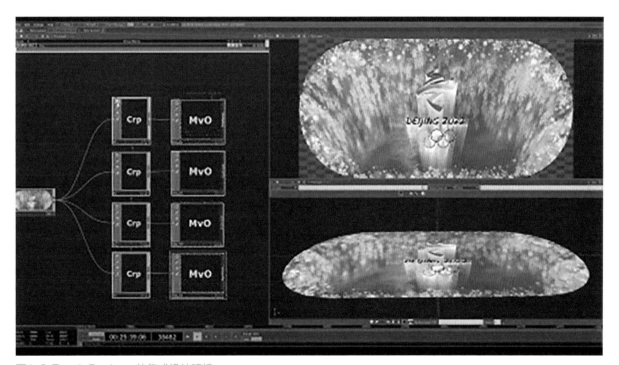

图1-2 Touch Designer的集成设计环境

① 詹希旎，李白杨，孙建军. 数智融合环境下AIGC的场景化应用与发展机遇［J］. 图书情报知识，2023，40（01）：75-85+55.

集成网络，由中枢系统控制的众多计算机联合而成。人工智能可以连续不断地工作，在处理某些复杂问题时比人类更高效更全面。人工智能是基于代码语言、遵循特定序列结构的算法构成的，这使得输出结果连贯、直接、完整，降低了混乱和无序，显著减少了时间成本，提高了信息获取的效率。数智技术赋能设计学领域的典型案例就是生成式AI（GenAI）技术对设计呈现和输出的效率提升和价值创造。利用人工智能技术自动生成内容的新型生产方式，不仅会提升内容生产效率，也因人工智能模型对知识进行重新组合而创造出具有独特价值和独立视角的新内容。数智技术能从设计洞察、设计协同、设计资产的调用与管理、设计迭代、设计实现等维度为交互设计专业领域增效或赋能。

1.2.3　数智交互促进设计学科高质量发展

从历史看，高质量发展是我们党在推动经济建设不断向高级形态迈进过程中形成的。从实践看，高质量发展是全面建设社会主义现代化国家的需要。从理论看，高质量发展是我们党把握发展规律从实践、认识到再实践、再认识的重大理论创新。高质量发展就是体现新发展理念的发展，必须坚持创新、协调、绿色、开放、共享发展相统一。以二十大报告中关于推进高质量发展的指示精神为指导，深入挖掘高质量发展的时代背景和深刻内涵，从高质量发展的"以人民为中心、稳定性发展、提升企业竞争力、创新驱动、坚持法制化国际化、绿色低碳"等角度出发，结合理论教学开展教学探索、推动设计学科人才培养、科学研究和社会服务等各项工作，为实现国家高质量发展的目标提供科技支撑和人才保障，是当下高等教育的重要目标。

此外，中央经济工作会议强调，要"广泛应用数智技术、绿色技术""以颠覆性技术和前沿技术催生新产业、新模式、新动能，发展新质生产力"。数智融合交互设计需要以数智技术为基本支点和驱动要素，以数据要素的创新性使用为内在形态和基础。由此，数智技术在产业体系应用场景中实现生产力的跃迁，是新质生产力的代表性形态。设计学在2022年的新一轮学科设置中被列入交叉学科，意味着在国家顶层设计层面强调设计学科的交叉属性，设计学应在未来与人工智能等新科技进行充分的交叉融合，实现协同创新，最终促进设计学科的高质量发展。

1.3　数智化转变对交互设计从业人员的要求

数智时代在带来强大的技术驱动力的同时，也对人类社会产生了强大冲击。机器智慧超越人类智慧、取代人类劳动等议题不断涌现。这一方面体现出数智力量的高效，另一方面体现出人类在接受科技发展的同时对个人能力发展不及数智技术的焦虑。但是，无论机器智能如何发展，终究是为人所用的工具。技术的发展不但需要满足人类对机器智慧的需求，同时还要达到实现人文智慧的最终目标。

1.3.1　跨学科思维创新能力

在设计过程中，设计师的思考和外化过程是以一种平衡经验、领悟力、专业直觉、技术知识以及用户洞察等多维信息的"行动中的反思"，来面对设计过程中的不确定性[①]。虽然设计的过程有迹可循，但是设计师在不同设计节点的创意迸发和知识聚合式转变仍然是一种难以被机器智慧模拟的核心环节。交互设计师将独特的跨学科技能应用于从创意到实施的所有开发阶段和整个产品生命周期。从交互设计的数智化演变过程中我

---

① SCHÖN D A. The Reflective Practitioner: How Professionals Think in Action [M]. London: Temple Smith, 2017.

们可以发现，在不同的时代背景下，交互设计跨学科的研究范式在发展的过程中被塑造，同时对交互设计人员的能力结构需求也在转变。尤其是在"以用户为中心"的设计理念提出后，设计师需要拥有对复杂的"人"的洞察能力。虽然在数智时代，大数据和人工智能可以对用户的数据进行深度分析，但它的优势仅在于海量数据的收集、存储、基于特定任务的定向策略或结果生成。而对于"人"的洞察与理解，仍然是一种不可替代的能力。不同时代的背景知识之间不存在非此即彼的关系，而是设计知识与技能领域相互拓宽。因此，进入数智时代，设计师除了需要沿袭"以用户为中心"的核心理念以外，还需要不断革新理念，进行跨学科的探索与学习，通过不断投入实践，来构建并强化个人的跨学科思维。

1.3.2　整合技术协作能力

智能技术的不断涌现、技术的发展速度之快通常会超越设计师的认知范畴。设计专业人员面对的难题之一就是如何了解技术、并将技术工具融入工作流程中。具体来说设计专业人员面临的挑战不仅仅是为用户设计融合数智技术的交互系统，还有如何从设计流程层面跟进数智技术迭代的速度。合理地利用数智技术类工具，并将数智类工具快速融入工作流程中，成为数智时代下交互设计专业人员应该具备的核心能力。设计师应该具备与人工智能团队或者产品协作的能力，对大数据和算法有清晰的认知，并从一定程度上掌握机器智能相关的知识技能。

1.3.3　技术人文素养

机器智慧为人类智慧赋能的同时也会带来技术性偏差，即使机器智能具有自适应和自我调整的机制。通过人类创建的算法过滤的数据会影响个人和集体的行为，人工智能系统在数据的基础上运行，进而影响人类生成数据的方式。人类与人工智能系统相互作用并相互影响。通过引入这些人工智能系统，可以改变人类互动模式。因此，在算法模型上的细微偏差会在更大体量数据的投喂下变得越来越严重。作为交互设计师，应避免将个人偏见引入算法和训练AI的过程，还应在使用AI作为辅助时，及时辨别和消除该AI产品所固有的刻板印象。

2

一

数据驱动的
用户研究

2.1 用户研究

2.1.1 用户研究的概念

　　用户研究是对用户目标、需求和能力的系统研究，用于指导设计、产品结构或者工具的优化，提升用户工作和生活体验[①]。随着以用户为中心的设计方法（User-Centered Design，UCD）在业界的广泛应用，用户研究的价值和重要性也受到了高度重视。作为以用户为中心的设计流程的重要组成部分，用户研究已成为设计前期调研的重要工作内容。

　　用户研究是一种通过观察、交流和分析等方式获取用户行为和总结用户需求的方法，旨在理解用户的心理和行为，以指导设计和迭代改进。它是设计和开发过程中的重要环节，用以确保产品或服务能够满足用户的期望和需求。通过对用户的深度调研，企业和设计团队可获取丰富、真实的原始资料，包括用户的偏好、生活方式、价值观，以及看待产品的角度和使用产品的方式等，用于帮助设计团队做出更明智的决策，优化产品设计，改进用户体验，并最终提供符合用户期望的高质量产品或服务。用户研究通过探索用户的操作特性、知觉特性和认知心理特征，将用户实际需求作为产品设计的导向，使产品团队可以按照用户的操作习惯及期望针对性地改进和创新产品，提高产品的市场竞争力和用户满意度[②]。

　　无论是传统实体产品还是软件，用户研究在设计中面向产品研发的不同阶段起着关键作用：

　　对于新产品来说，用户研究有助于明确用户需求，指导产品设计。通过深入了解用户的需求和偏好，产品经理或设计师能够确定产品的设计方向，并开发出能够满足用户需求的新产品。用户研究提供了关于用户行为、期望和痛点的洞察，为产品设计提供依据，确保新产品具备市场竞争力和用户价值。

　　对于已发布的产品来说，用户研究用于发现和评估问题，优化使用体验。通过不同的用户研究方法，设计团队可以主动收集用户反馈和意见，发现产品存在的问题和瓶颈，并评估用户对产品的满意度。这些洞察数据可以帮助相关人员进行产品改进和优化，提升产品的可用性、易用性和用户满意，从而提高产品的市场竞争力和用户忠诚度（图2-1）[③]。

① SAURO J, LEWIS J R. Quantifying the User Experience: Practical Statistics for User Research [M]. Burlington: Morgan Kaufmann Publishers Inc, 2012.
② 高雅琴. 用户研究——创造"突破性产品"价值的驱动力 [J]. 科教文汇（上旬刊），2010（04）：205-206.
③ 程林. 用户研究中的竞品分析方法研究 [D]. 武汉理工大学，2019.

2.1.2 用户研究的对象

2.1.2.1 研究用户认知

人对事物的认知过程是客观现实在大脑中的反映，这种认知过程是一个复杂的心理过程，它涉及多个环节和系统的相互作用。通过感觉和知觉，人类能够感知外部环境信息，进而经过大脑的加工和整合，产生新的形象和概念。记忆系统起到编码、存储和提取信息的作用，使得过去的经验可以被利用。思维系统对客观现实进行概括和推理，帮助人类理解和解决问题。执行系统则控制信息的提取和使用，协调认知活动。这些环节相互交织，共同构成了人类对客观世界的认知过程。

（1）感知

感知指感觉和知觉的总称，是用户接收和利用信息的起始点，依托于感觉的作用，用户得以在第一时间接受和获取信息。信息的感知过程可以分为信息感觉和信息知觉两个阶段。信息感觉是对信息的个别属性所做出的直接反应，而信息知觉则是对信息整体属性的综合反应。在感觉范畴中，视觉和听觉起着重要作用。感觉的产生源于外界刺激物对感受器官的作用，通过神经系统的传导将冲动传达至大脑皮层，并通过神经系统的输出将冲动传递至相应的效应器官，这一过程驱动着人们对信息的感知和认知。对于用户而言，信息常以文字、语言或实物等形式通过视觉或听觉作用于感官。因此在设计和传达信息时，需要考虑用户的感觉器官和感知状态。

作为主体存在的人必须具备两个条件才能产生感觉。首先，需要有客观外界的刺激事物存在，这些事物必须具备足够的强度和特性才能引起主体的感觉反应。其次，主体必须具备一定的主观感觉能力，这需要感官器官功能正常以及相关的神经具备传递和信息处理能力。需要注意的是，即使是同一信息，不同的用户可能会产生不同的感受或反应。这是因为每个人的感知能力、经验、文化背景和个人偏好等方面存在差异。这会影响感知系统对信息的敏感度（图2-2）。

（2）注意

注意研究是认知心理学的一项重要领域，在信息加工过程中起到关键作用。其中，指向和集中是注意的表现形式[①]。

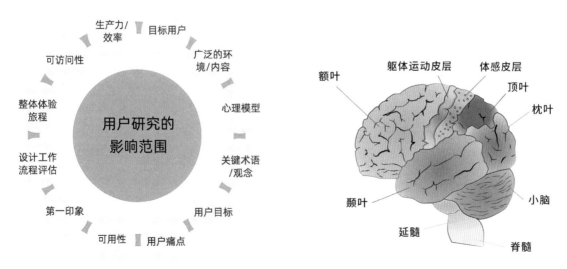

图2-1 用户研究所涵盖与影响的内容   图2-2 感知

① KNUDSEN E I. Fundamental Components of Attention [J]. Annual Review of Neuroscience，2007，30（1）：57-78.

指向是指用户根据自身的需求、兴趣和目标，在信息环境中进行有意识的选择，将注意力集中在他们认为最相关和有意义的内容上。这种指向性的注意力可以帮助用户有效地处理和理解信息，提高信息获取的效率和准确性。集中意味着用户努力将注意力集中在特定的信息上，并将其他干扰因素排除在外。这种集中注意力的能力对于用户在处理复杂或具有挑战性的信息时至关重要。通过集中注意力，用户能够深入地理解和分析信息，提取其中的关键要素和意义[①]。

举例来说，当用户进行专业文献阅读时，会根据其专业需求和兴趣，有意识地筛选和聚焦在与其领域相关的内容上。用户的注意力是获取和理解所需信息的关键心理过程，它决定了用户关注和处理哪些信息，并影响着他们对信息的感知和理解。因此，在设计相关界面时，需要考虑用户的注意力特点，提供清晰、易于识别和导航的信息结构，以便用户能够高效地获取所需的信息。同时，有效的信息标记和组织也有助于引导用户的注意力，并针对性地呈现内容，以满足用户的专业需求。

（3）记忆

记忆是一种自然的心理和生理现象，它在人类的感知过程中起着重要作用。当人们感知事物时，会形成关于这些事物的映像，并将其存储在大脑中。这些映像并不会随着感知的消失而消失，而是在一段时间内被保留下来，并在适当的条件下再次呈现[②]。记忆可以被理解为人类大脑对经历和学习结果的保存和回放。通过记忆，人们可以回忆起过去的经历、获取已学知识，并将其应用于当前的认知和行为中。记忆的形成和提取是一个复杂的过程，涉及多个认知和神经机制的相互作用。

记忆是心理活动在时间上的持续过程，包括了不同的环节，其中包括标记（编码）信息，即将信息转化为可以存储的形式；保持（存储）信息，即将信息存储在大脑中，以便将来提取和回忆；回忆（检索）信息，即通过回想和恢复将存储的信息取出并使用（图2-3）。记忆是一种心理过程，是大脑对信息进行的处理、存储和检索。它涉及认知、感知和思维等心理活动。

记忆的结构涵盖了感觉记忆、短时记忆和长时记忆三个方面，它们相互连接、互相衔接，形成了一个完整的记忆体系。当用户完成注意力的过程后，他们进入了短时记忆阶段，对所接收的信息进行进一步的加工和处理。短时记忆在整个记忆结构中扮演着重要的角色，它被视为信息通往长时记忆的一个中间环节或过渡阶段，同时也是用户在信息处理过程中的一个缓冲区。

短时记忆具有有限的容量和短暂的持续时间。在这个阶段，用户对信息进行临时存储，并进行一些基本的加工操作，比如对信息进行编码、分类或与先前的知识进行关联。这个过程是为了使信息更好地被保存和传递到长时记忆中，以便后续的回忆和使用。如果信息在短时记忆中得到充分处理并与已有知识相连接，它们有可能转移到长时记忆中，从而在更长时间内被保存和回忆[③]。由于短时记忆的容量有限，如果用户在短时间内接收大量信息，旧的信息可能会被遗忘或混淆。因此，在设计和交互中，需要关注用户的短时记忆容量

图2-3 记忆过程图

---

① 何屹. 注意力经济下的档案信息服务 [J]. 湖北档案, 2005（08）: 11-12.
② GATHERCOLE S E. The Development of Memory [J]. Journal of Child Psychology & Psychiatry & Allied Disciplines, 1998, 39（1）: 3-27.
③ JONIDES J, LEWIS R L, NEE D E, et al. The Mind and Brain of Short-Term Memory [J]. Annual Review of Psychology, 2008, 59（1）: 193-224.

限制，并在必要时提供适当的提示、反馈和重复，以帮助用户更好地处理和保存信息。

长时记忆承载了人类对世界各种知识的存储，为人类的活动提供了必要的基础。它具有巨大的容量和持久的存储时间，形成了一个庞大的信息库。长时记忆可以分为情景记忆和语义记忆两个系统。情景记忆帮助人们回忆和重构过去的经历，包括时间、地点、人物以及事件之间的关联。通过情景记忆，人们可以重温过去的经历，并在需要时提取相关信息，以支持思考、决策和行动[①]。语义记忆使我们能够理解和运用语言，以及在日常生活中使用知识和信息。通过语义记忆，人们能够理解文字、理念、抽象概念等，并将其与已有的知识和经验联系起来。这两个系统既相互独立又相互影响。情景记忆通过收集断断续续的信息，而语义记忆则根据信息的不同类型进行有效组织。长时记忆的作用是保留和记录重要的信息，并为将来的使用提供支持，或者将过去存储的信息用于当前的认知过程。

（4）思维

思维是一个复杂而重要的过程，它使人类能够以有意义的方式与周围世界互动。它允许人们以抽象、推理和逻辑的方式处理信息，并进行问题解决、判断和决策等认知活动。思维的产生使得人们能够进行更深入的分析和思考。它通过运用已有的知识、概念和思维模式，将信息进行组织和整合，从而揭示事物之间的关系和规律。思维能够帮助人们发现新见解、提出新观点，并推动知识的创新和进步[②]。

当用户接触到信息时，他们会利用已有的知识和经验来理解和解释这些信息。用户的知识水平决定了他们对信息的理解程度和思考深度。如果用户具备与信息相匹配的知识水平，他们可以更好地理解信息的含义、推理出相关的概念和观点，并进行更有深度的思考。只有当用户能够由表及里地进行理解，真正领会信息所传达的含义，信息才能展现其使用价值[③]。

思维过程中存在两种形式，即表象和概念。表象是对外界事物的直接感知和感觉的反映，是对具体对象的具体呈现。人们通过感官对事物进行感知和观察，获得包括感觉、形象、图像、声音等感知形式。通过表象，人们可以对具体的事物进行感知和处理。同时，概念在思维过程中扮演着重要的角色，能够对事物共同属性和关系进行抽象提炼和概括。它是对事物本质和内在联系的思维形式，是对具体事物所具有的普遍性特征的概括和抽象。概念是思维的高级形式，通过将事物进行分类、归纳和抽象，人们可以建立起各种概念，形成对事物之间关系和规律的认知[④]。

表象和概念在思维过程中相互关联和相互作用。人们在感知和观察外界事物形成的表象后，对表象进行分类、归纳和抽象，形成概念。概念又可以指导人们对具体事物的感知和处理，进而完善和调整我们的表象。在整个思维认知过程中，概念是思维的结果，它是人们通过对事物的观察、分析和思考形成的。通过形成概念，人们可以构建自己的认知体系，将个别的事物归类和概括，更好地理解和解释世界。概念的形成和运用有助于人们进行思维的整合和创新，加深对事物的认识和理解[⑤]。

2.1.2.2 研究用户行为

用户行为是指人们在使用某种产品、服务或参与某种活动时所表现出的各种行为和活动，包括但不限于搜索、浏览、点击、购买、评论、分享和转发等。在设计视角下，用户行为不仅是用户需求和兴趣的体现，还是产品和服务优化的重要依据。在互联网时代，用户行为数据是企业竞争的重要资产。通过对用户行为数据的收集、处理和分析，企业可以深入了解用户的需求、兴趣和偏好，为产品和服务的优化提供支持。因

① IZQUIERDO I, MEDINA J H, VIANNA M R M, et al. Separate Mechanisms for Short- and Long-Term Memory [J]. Behavioural Brain Research, 1999, 103（1）: 1-11.

② HOLYOAK K J, SPELLMAN B A. Thinking [J]. Annual Review of Psychology, 1993, 44（1）: 265-315.

③ 冯宇. 基于用户认知过程的图书馆信息服务研究 [D]. 黑龙江大学, 2014.

④ 陈浩义, 王文彦, 毛荐其. 基于信息分析的企业技术创新机会识别过程研究 [J]. 情报理论与实践, 2011, 34（12）: 82-86.

⑤ 吴炳义. 比较地图学理论、方法的研究与实践 [D]. 河北师范大学, 2008.

此，用户行为分析已成为现代企业和设计团队研发与设计思考过程中不可或缺的一部分[①]。

用户行为分析的研究范畴涵盖了人机交互、人机界面设计、用户心理学、市场营销等多个领域。研发人员或设计团队通过对用户行为数据的分析，探讨用户行为的动机、目的和特点，寻求优化用户体验和提升产品价值的方法。用户行为分析可以从多个角度进行。从行为路径来看，可以分析用户在使用产品或服务时所经历的不同环节和步骤，发现用户使用过程中的瓶颈和不足之处。从购买行为来看，可以分析用户在购买过程中所表现出的行为和偏好，了解用户对产品或服务的需求和购买决策过程。从社交行为来看，可以分析用户在社交媒体上的行为，了解用户的社交圈子和交互方式等。

用户行为分析的方法包括问卷调查、实验研究、日志分析、数据挖掘等多种手段。其中，日志分析和数据挖掘是采集用户行为数据最为常用的方法。日志分析是指通过记录用户在使用产品或服务时的各种行为和活动，来获取用户行为数据的方法。数据挖掘则是指通过使用计算机算法和技术，从庞大的用户行为数据中提取有价值的信息和模式的方法。除了以上方法外，还有一些新兴的用户行为分析方法，例如人工智能和机器学习技术等。这些方法可以更加高效地分析用户行为数据，并能够自动地学习和识别用户行为模式和趋势。

（1）用户行为的影响因素

影响用户行为的因素有很多，主要可以分为心理因素、文化因素、经济因素、个人因素和社会因素等。

1）心理因素

心理因素包括用户的需求、动机、态度、信念和感知等，它们决定了用户对产品或服务的期望和偏好。设计团队可以通过了解用户的心理特征，提供符合用户需求和喜好的产品或服务，从而激发用户的兴趣和满意度[②]。

动机是指用户进行某种行为的内在或外在驱动力，它决定了用户行为的方向和强度。动机可以分为内部动机和外部动机。内部动机是指用户出于自身的兴趣、愉悦、成就感等而进行某种行为，例如玩游戏、阅读小说等。外部动机是指用户受到外界的奖励、惩罚、压力等而进行某种行为，例如完成作业、购买商品等。一般来说，内部动机比外部动机更能激发用户的持续性和主动性。

兴趣是指用户对某种事物或活动的喜爱程度，它决定了用户行为的选择和持续时间。兴趣可以分为个人兴趣和情境兴趣。个人兴趣是指用户长期稳定地对某种事物或活动感兴趣，例如喜欢音乐、体育等。情境兴趣是指用户受到某种特定环境或情境的刺激而暂时对某种事物或活动感兴趣，例如看到新奇有趣的广告、产品等。

认知是指用户对自身和外界事物的认识和理解，它决定了用户行为的方式和效果。认知可以分为先前认知和后续认知。先前认知是指用户在进行某种行为之前所具有的关于该行为目标、过程、结果等方面的信息和预期，例如购买前对产品功能、价格、品牌等方面的了解。后续认知是指用户在进行某种行为之后所形成的关于该行为过程、结果等方面的评价和反馈，例如购买后对产品质量、性能、服务等方面的满意度。

以上三个方面相互影响，共同构成了影响用户行为的心理因素体系。设计者应该根据不同类型和阶段的用户行为，采用不同策略来激发或满足其心理因素，从而提高产品或服务的吸引力和价值。

2）文化因素

影响用户行为的文化因素包括用户所属的国家、地区、民族、宗教、语言等，它们影响了用户的价值观和行为规范。设计者可以基于不同文化背景用户的习惯和差异，提供适应不同文化环境的产品或服务，以增加用户的认同感和信任感。文化因素包括文化、亚文化和社会阶层等方面，它们决定了用户的基本价值观、

① BENEVENUTO F，RODRIGUES T，CHA M，et al. Characterizing User Behavior in Online Social Networks [J]. Proceedings of the 9th ACM SIGCOMM Conference on Internet Measurement，2009：49-62.

② 豆丽芳. 基于SOR模型的哔哩哔哩用户参与行为影响因素研究 [D]. 云南财经大学，2022.

生活方式、消费观念和行为准则[1]。

文化是指一个社会中人们共同遵守的信仰、习俗、规范和符号，它是人类社会生活的精神支柱，也是区分不同民族和国家的重要标志。不同的文化背景会导致用户对产品或服务有不同的需求、偏好和态度。例如，中国传统文化强调天人合一、中庸之道、礼仪之邦等思想，这些思想影响了中国用户在消费时注重缘分、平衡、礼貌等方面[2]。

社会阶层是指一个社会中按照财富、权力、声望等标准分成的相对稳定的等级制度，它反映了人们在社会中所处的地位和角色。不同的社会阶层会影响用户对产品或服务的可及性、可接受性和可期望性，从而影响他们在消费时所做出的选择。

影响用户行为的文化因素有很多方面，并且这些方面相互交织并共同作用于用户，忽略文化因素的重要意义可能会带来灾难性的后果。在设计产品或服务时应该充分考虑这些因素，并根据目标市场和目标用户进行适当调整。

3）经济因素

经济因素包括用户的收入水平、消费能力、消费习惯等，它们影响了用户对产品或服务的需求量和购买力。设计者可以通过调整产品或服务的价格策略、促销方式、付款方式等，提供符合不同经济条件下的用户需求和预算的产品或服务，从而增加用户的购买意愿和忠诚度[3]。一般来说，影响用户行为的经济因素包括社会生产力、社会生产关系、用户经济收入和商品价格等。

4）个人因素

个人因素包括用户的年龄、性别、教育程度、职业等，它们影响了用户对产品或服务的知识水平和使用技能。设计者可以通过考虑不同个人特征下的用户需求和能力，提供适合不同年龄段、性别群体、教育水平等的产品或服务，从而增加用户的使用效率和舒适度[4]。影响用户行为的个人因素是指能够影响用户在特定情境下做出某种行为的内部因素，包括知识、态度、信念、价值观、动机、能力等。这些因素可以从福格行为模型（Fogg Behaviour Model）的角度进行分析，该模型认为任何一个行为的发生都需要三个基本元素：动因（Motivation）、能力（Ability）和触发条件（Trigger）（图2-4）。

动因是指用户产生行为的内在驱动力，它可以是基本需求、自我需求或社会需求等。不同的动因会导致不同的行为目标和偏好。例如，一个用户可能因为对某种产品或服务感兴趣而去了解和尝试，也可能因为对某种问题有痛点而去寻找和解决。动因可以通过激励手段来增强或减弱，如奖励、惩罚、社会认可等。

能力是指用户实现行为的外在条件，它可以是时间、金钱、技能、工具等。不同的能力会影响用户行为的难易程度和成本收益比。例如，一个用户可能因为有足够的时间和金钱而选择购买某种高价值和高质量的产品或服务，也可能因为缺乏相关技能

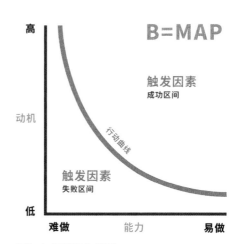

图2-4 福格行为模型

① GAJJAR N B. Factors Affecting Consumer Behavior [J]. International Journal of Research in Humanities and Social Sciences，2013，1（2）：10-15.
② SCHEIN E H. What Is culture? [J]. Reframing Organizational Culture，1991：243-253.
③ CAI J，ZHAO Y，SUN J. Factors Influencing Fitness App Users' Behavior in China [J]. International Journal of Human‐Computer Interaction，2022，38（1）：53-63.
④ TADESSE M M，LIN H，XU B，et al. Personality Predictions Based on User Behavior on the Facebook Social Media Platform [J]. IEEE Access，2018，6：61959-61969.

和工具而放弃某种复杂烦琐的产品或服务。能力可以通过降低门槛或提供支持来调节，如简化流程、提供教程、增加功能等。

触发条件是指促使用户产生行为的外部刺激，它可以是信息提示、情感诉求、社会影响等。不同的触发条件会引起用户不同程度和方向的注意力和反应。例如，一个用户可能因为看到某种广告或推荐而被吸引去点击或购买某种产品或服务，也可能因为受到某种负面评价或反馈而被打消去使用或继续使用某种产品或服务。触发条件可以通过设计合适时机和方式来增加或减少，如定时推送、个性化匹配、社交分享等。

整体来说，影响用户行为的个人因素是多方面且相互关联的，在设计产品或服务时需要考虑到这些因素，并根据目标用户群体和市场环境进行调整优化[1]。

5）社会因素

社会因素同样会对用户行为产生广泛而深远的影响。人是社会的一部分，他们的行为不仅受到个人内在动机和欲望的驱使，还受到周围环境和社会因素的影响。在日常生活中，个体在受到社会规范、价值观、社会压力和群体影响的塑造同时，也会追求社会认同和归属感[2]。

一个人的行为往往会受到社会规范的约束和引导。社会规范是一组被社会认可和接受的行为准则，它们告诉人们如何在特定情境下行动。例如，在不同的文化中，对于礼貌、尊重和道德行为的定义可能会有所不同。这些社会规范对于个体的行为决策和行为表现具有重要影响。

价值观也是塑造用户行为的关键因素之一。价值观是个人对于哪些事物重要和有意义的事物的信念和评价标准。它们来自个体的文化、家庭、教育和社会化过程。价值观深刻影响着个人的行为选择、决策过程以及对世界的理解，是形成个人身份和社会互动模式的重要基础。例如，一个人可能重视环境保护和可持续发展，因此会倾向于选择相关类型的产品和活动。

社会压力也对用户行为产生影响。人们常常受到他人的期望和评价的影响，希望获得社会认同和避免社会排斥。社会压力可以来自家人、朋友、同事和社交媒体等渠道。这些压力可能影响个体的消费决策、行为选择和态度形成。

此外，群体影响也在塑造用户行为中发挥作用。人们倾向于与他们认同的群体保持一致，因为群体会提供社会支持、认同感和归属感。群体的行为和态度可以对个体的行为选择和决策产生影响。例如，社交媒体中，权威专家和群体发言代表可以通过他们的言论和行为影响大量普通用户的行为。

社会因素还可以通过社会化和社会认知的方式影响用户行为。社会化是指个体通过与他人的互动或观察所学习到的行为模式和规范。人们会从他们所处的社会环境中学习到合适的行为方式，并通过模仿和学习来调整自己的行为。社会认知则是指个体对于社会现象和他人行为的理解和认知。人们会根据社会认知对他人的期望和评价进行自我调节和行为调整[3]。

（2）互联网时代下的用户行为特点

当下正是一个信息爆炸、消费多元、竞争激烈的互联网时代，信息技术的演进与渗透对用户行为产生了深刻影响[4]。主要呈现为以下几个特点：

1）碎片化

互联网时代下用户行为的碎片化特点是指用户在获取和消费信息的过程中，表现出的多元、个性、随

---

① FOGG B J. A Behavior Model for Persuasive Design [C/OL] //Proceedings of the 4th International Conference on Persuasive Technology. 2009: 1-7. DOI: https: //doi.org/10.1145/1541948.1541999.
② HARATI H, NOOSHINFARD F, ISFANDYARI-MOGHADDAM A, et a I. Factors Affecting the Unplanned Use Behavior of Academic Libraries Users [J]. Aslib Journal of Information Management, 2019, 71（2）: 138-154.
③ 闫凯. 移动健康类APP用户流失行为影响因素研究 [D]. 吉林财经大学, 2003.
④ 辛铮，鄂小征. 大数据下的互联网用户行为探究 [J]. 网络安全技术与应用, 2020（11）: 78-79.

机、快速等特征。同时，移动互联网的加入和多媒体内容的丰富，导致用户的注意力越来越分散，不愿意耗费太多时间在一个平台或一个产品上。用户开始倾向于快速浏览、随意切换、随心选择的方式来获取信息和满足需求。

这种用户行为特点是由互联网技术的发展和普及所引起的，是一种与时代发展相适应的现象，主要体现在以下几个方面：

第一，信息来源的多样化。互联网提供了各种各样的信息平台和渠道，如搜索引擎、社交媒体、视频网站、电商平台等，让用户可以根据自己的兴趣和需求选择不同的信息来源。

第二，信息内容的碎片化。互联网上的信息往往以短小、简洁、有趣、易传播的形式呈现，如微博、抖音、快手等，让用户可以在短时间内获取大量的信息片段。

第三，信息消费的个性化。互联网使得用户可以根据自己的喜好和偏好定制和筛选信息，如通过关注、收藏、评论等方式表达自己的观点和态度，或者通过算法推荐等方式获得更符合自己兴趣的信息。

第四，信息获取的随机化。互联网使得用户可以在任何时间、地点和场合获取信息，如通过移动设备随时随地浏览网络内容，或者通过弹幕等方式参与实时互动。

第五，信息处理的快速化。互联网使得用户可以在极短的时间内对信息进行接收、处理和反馈，如通过扫码、点击等方式快速完成交易或者转发分享等操作。

2）低欲望

在商品和服务供过于求的情况下，用户的购买欲望往往不是由内在需求驱动，而是由外部刺激激发。社交媒体上的推荐、评论、分享等都可能影响用户的消费决策。因此，商家需要通过丰富营销策略引起用户的注意和兴趣，激发他们的欲望。互联网时代下，用户行为的低欲望特点是指用户在面对海量的信息和选择时，往往表现出一种消极、被动、无目的、无计划、无期待的心态和行为。这种特点主要表现在以下几个方面：

第一，用户对信息的关注度和记忆力下降。由于互联网上的信息过于丰富和碎片化，用户很难深入了解和掌握某一领域或主题的内容，也很难形成长期的兴趣和偏好。用户更多的是在浏览、扫描、跳转，而不是阅读、思考、沉浸。

第二，用户对产品或服务的需求和满意度降低。由于互联网上的产品或服务同质化严重，用户很难区分和选择最适合自己的方案，也很难感受到产品或服务带来的价值和体验。用户更多的是在比较、试用、替换，而不是信任、忠诚、推荐。

第三，用户对品牌或平台的认同和依赖减弱。由于互联网上的品牌或平台竞争激烈，用户很难建立和维持与某一品牌或平台的情感连接和信任关系，也很难享受到品牌或平台带来的社会认同和归属感。用户更多的是在切换、流失、抱怨，而不是支持、参与、分享。

从社会学角度看，这是一种后现代主义的表现，即人们在消费文化中失去了真实性和意义感，变得冷漠和虚无。该现象背后有着深刻的社会学、心理学和经济学原因。从心理学角度看，这是一种自我保护机制，即人们为了避免信息过载和选择困难而采取了一种消极应对策略。从经济学角度看，这是一种理性行为，即人们在有限时间内为了利益最大化而做出了一种成本效益分析。因此，在进行营销策略制定时，我们需要充分考虑这些特点，并采取相应措施来提高用户关注度、需求度、满意度以及认同度[①]。

3）远场景

随着电子商务和在线服务的发展，用户越来越少到实体店或现实场景进行消费，而是通过线上平台进行交易和体验。这意味着用户对商品和服务的质量、信誉、安全等方面有更高的要求，也需要参考更多的信息和证据来支持他们的选择。互联网时代下，用户行为的远场景化特点是指用户在不同的时间和空间中，根据

---

① 李志勇. 基于数字时代互联网用户行为分析与研究［J］. 无线互联科技，2021，18（16）：34-35.

自己的需求和情感，选择合适的产品或服务进行消费。远场景化不仅包括用户在物理空间上的跨越，也包括用户在心理空间上的跨越。例如，用户可以通过手机购买海外商品，也可以通过虚拟现实体验异国风情。互联网时代下用户行为的远场景化特点有以下几个方面：

第一，用户需求更加多元和个性化。用户不再满足于单一和固定的消费模式，而是根据自己的兴趣、喜好、价值观等因素，寻找更符合自己期望的产品或服务。

第二，用户消费更加便捷和智能。用户可以通过互联网平台，随时随地获取所需的信息、资源并进行交易。同时，互联网平台也可以通过数据挖掘、个性塑造和动态识别等方法，提供更精准和贴合用户需求的场景识别和推荐。

第三，用户消费更加主动。用户不再被动地接受营销信息和影响，而是主动地表达自己的意见并参与到产品或服务的创造、改进和传播中。

因此，要理解互联网时代下用户行为的远场景化特点，就要从用户需求、消费方式和消费态度三个维度进行分析，并结合具体的产品或服务类型、目标市场和竞争环境等因素，制定相应的营销和产品优化策略。

4）个性化

在互联网时代，每个用户都有自己独特的喜好、需求、价值观而不愿意被统一化或标准化地对待。用户希望能够获得符合自己个性和需求的商品和服务，也愿意表达自己的观点和感受。因此，商家需要提供更多样化、定制化、人性化的产品和服务，以满足不同类型和层次的用户。互联网时代下，用户行为的个性化特点是指用户在使用互联网产品或服务时，根据自己的喜好和习惯等因素，选择不同的内容、形式、渠道和方式进行信息获取、交流和消费。这种个性化特点有以下几个方面：

第一，用户主体性强。互联网技术赋予了用户更多的自主选择权，使得用户可以根据自己的意愿和判断，决定在何时、在何地、以何种方式使用互联网产品或服务。用户不再是被动的接受者，而是主动的参与者和创造者。

第二，用户多样性高。互联网覆盖了各个年龄段、地域范围、文化背景和兴趣爱好的用户群体，使得用户之间存在着巨大的差异。每个用户都有自己独特的身份、价值观和消费偏好，商家需要满足不同层次和维度的需求。

第三，用户体验优先。互联网提供了丰富多彩的内容形式和交互方式，为用户带来了更加直观和沉浸式的体验。用户不仅关注信息本身，还关注信息呈现和传递的过程，以及自己在其中所扮演的角色和感受到的情感。

第四，用户变化快速。互联网环境下，信息更新速度极快，导致用户对于新鲜事物有着强烈的好奇心和追求心。同时，由于社会经济文化等因素的影响，用户偏好也会随着时间推移而发生变化，产生新的需求和期待[①]。

（3）用户研究和交互设计

用户研究是一种综合运用定量和定性的研究方法，旨在深入了解用户如何使用产品或服务，他们的需求和期望，以及他们对产品或服务的反应。在用户行为研究中，研究者可以使用各种研究方法和工具获得有关用户行为的信息，如问卷调查、实验室测试、访谈、观察、数据分析等。而交互设计则是根据用户行为的研究结果，以及各种因素如美学、可用性、功能性、人性化等，创造出更加优化的产品或服务。设计的目标是要提高用户的使用体验，让用户与产品，环境等的交互更加舒适、自如，使他们更轻松、愉悦地使用产品或服务，并最终实现商业目标。因此，用户行为研究和交互设计之间有着紧密的联系和互动。设计师通过进行用户研究，能够更好地进行设计，从而更好地满足用户的需求。

---

① 王春雷，苏莲莲. 大数据时代的设计［J］. 包装工程，2016，37（20）：127-130.

1）用户研究帮助设计师了解用户需求

运用用户研究了解用户需求是设计过程中非常重要的一环，只有了解用户的需求和习惯，才能设计出符合用户期望和行为习惯的产品或服务，提高用户体验，从而增强用户满意度和忠诚度[①]。

首先，需要收集大量的用户数据，包括用户的基本信息、使用产品或服务的频率、使用产品或服务的时间、使用场景、使用方式、购买历史等等。这些数据可以通过调查、问卷、用户访谈、用户观察、网站分析工具、用户追踪工具等方式获取。收集到数据后，需要对数据进行分析，提取有用的信息。数据分析可以帮助设计师了解用户的需求、习惯、喜好和行为模式。在数据分析的基础上，可以通过用户画像工具将用户的基本信息、习惯和行为模式整合起来。用户画像可以帮助设计师更加深入地了解用户，同时也能够提醒设计师在设计时考虑到用户的需求和习惯。

在了解了用户的需求和习惯后，可以通过构建用户场景来更加深入地探索用户的使用需求。用户场景是指用户在使用产品或服务时所处的具体环境、心理状态、行为动作和目标。通过分析用户场景，可以更加全面地了解用户的真实需求，同时也有助于设计师更好地设计产品或服务。最后，为了验证分析结果的正确性，需要进行用户测试。用户测试可以帮助设计师了解用户在使用产品或服务时的实际体验和反馈，从而检验设计是否符合用户需求和期望。

因此，用户研究是挖掘用户需求的重要途径，应从数据收集、数据分析、用户画像、用户场景和用户测试等多个方面深入了解用户，从而为设计提供有力的支持。只有不断地跟进用户需求的变化，才能够保持设计的前沿性和竞争力。

2）用户研究帮助设计师评估设计效果

在用户研究的诸多方法论中，用户行为分析是十分重要的方法，它以数据为基础，用于了解用户在使用产品或服务时的动机、需求、偏好和满意度。用户行为分析可以帮助设计师评估设计效果。

第一，明确设计目标。用户行为分析可以提供有价值的洞察，帮助设计师确定产品或服务的目标受众、核心价值和竞争优势。例如，通过对用户的访谈、问卷、观察等方式，可以发现用户的痛点、期望和使用场景，从而定义出符合用户需求的设计目标。

第二，定义设计实践。用户行为分析可以指导设计师选择合适的设计方法、工具，以实现设计目标。例如，通过对用户的测试、追踪、统计等方式，可以评估不同的交互模式、界面元素和内容呈现对用户体验的影响，从而优化出更符合用户习惯和喜好的设计方案。

第三，衡量设计成效。用户行为分析可以提供可量化的指标，用于检验设计是否达到预期的效果。例如，通过分析用户的反馈、评价、转化，可以衡量产品或服务在满足用户需求、提供价值和建立关系方面的表现，从而验证和改进设计质量。

用户行为分析是帮助设计师评估设计效果的一种有效且必要的方式。它可以让设计更加以数据为依据，客观地反映用户的真实情况和需求，帮助设计师判断设计团队所呈现的设计产出是否符合预期的效果，并给出未来迭代与优化的方向，使得产品更或服务在市场上具有更强的竞争力。

3）用户研究帮助提高用户体验

用户研究可以帮助产品团队更深入地了解用户，更有效地满足用户，更精准地留住用户，从而提升产品的竞争力和盈利能力。在当前互联网市场环境下，流量红利逐渐消失，获客成本不断上升，产品同质化严重，用户忠诚度低下，因此通过提升用户体验来增强用户黏性成为一种必要且有效的策略。

通过用户研究与数据分析，设计师可以了解用户在使用产品时的痛点和障碍，并进行优化；可以了解用户的兴趣和偏好，并向他们提供个性化的推荐内容和定制化的服务；可以了解用户的兴趣和行为习惯，从而

① 肖飞. 数字化背景下市场营销模式创新研究［J］. 质量与市场，2023（12）：37-39.

调整营销策略，提高转化率和用户满意度。

在产品研发的不同阶段设计师可以通过不同的用户研究分析方法来提升用户体验[①]。例如，在设计前期可以使用问卷调查、访谈、观察等方法收集数据；在中期可以使用A/B测试、漏斗分析、路径分析等方法处理数据；在后期可以使用留存率、活跃度、转化率等指标衡量数据。只有充分利用好这些工具和方法，并结合自身产品特点与目标设定，在每个环节都做到精细化管理与优化改进，才能真正从整体上达到提升用户体验的目的。

2.2 用户研究的常规方法

用户研究的目的是从用户角度和日常生活中挖掘潜在需求，这是产品设计过程的首要步骤，也是企业正确定位的关键。通过用户研究，企业和设计团队可以获取丰富真实的原始资料，包括用户偏好、生活方式、价值观以及对产品的观点和使用方式等[②]。这些海量资料可被用以指导新产品的开发。

2.2.1 定性研究方法

定性研究通常可以产出创意概念、理论模型、发现洞见及发散思维，并可以评估决策、论证理论、细化洞见及收敛思维。定性研究涉及的学科主要有：民族学、社会学、文化人类学、认知心理学。民族学解决的是人们在做什么的问题，社会学回答了和谁一起做的问题，文化人类学解释了如何去做，认知心理学解读的是做的过程中人们的思考。定性研究在设计调研中常用的方法有观察法（包括民族学观察、参与式观察等）、访谈（包括民族学访谈、专家访谈、情景访谈、跟随访谈等）、参与式记录（包括影像记录、文化探索、卡片分类等）、视觉化探察（包括体验地图、感知地图、主题卡片、场景描绘等）等。其中专家访谈、跟随观察、民族学观察是典型的设计调研方法[③][④]。

2.2.1.1 民族志

民族志是一种定性研究方法，常用于用户研究，以深入了解人们的行为、经历和文化背景。民族志的研究方法是观察用户的自然环境并让自己沉浸其中，以了解他们的观点并发现潜在的需求和动机。

在用户研究的背景下，民族志研究需要在用户的日常环境中研究用户，例如他们的家、工作场所或社区空间。它不仅仅观察用户与产品或系统的交互，还着重了解影响他们行为和体验的文化、社会和环境因素[⑤]。民族志研究关注用户与产品或服务互动的情境。研究人员着重探索用户环境的物理、社会和文化方面，以揭示这些因素如何影响用户的态度、行为和决策过程。

民族志通常会涉及对用户进行深度访谈，以更深入地了解他们的想法、动机和经历。这些访谈通常是开放和灵活的，允许参与者分享关于他们生活、需求和挑战的丰富叙述和故事。民族志为用户行为的社会和文化维度提供了宝贵的见解，有助于提供更符合用户需求和价值观的产品和服务设计信息。

情境访谈是用户访谈中的一种，用于了解用户在特定情况或背景下的行为、想法和决策过程。这种方法使研究人员能够深入了解用户在现实生活场景中如何与产品、服务或体验进行交互。在情境访谈中，研究人

① 张小菊，张桢. 基于用户体验的美图类APP（手机软件）设计研究［J］. 美术文献，2022（10）：112-114.
② 刘珊. 论用户研究的有效性和可靠性［J］. 装饰，2009（4）：135-136.
③ 陈永明，罗永东. 现代认知心理学［M］. 北京：团结出版社，1989.
④ 杜辰腾. 伊利诺伊理工大学用户研究课程群探究［D］. 武汉理工大学，2013.
⑤ Wasson C. Ethnography in the Field of Design［J］. Human Organization，2000，59（4）：377-388.

员创建模拟的或真实的场景并将其呈现给参与者。这些场景旨在模拟用户在使用产品或服务时可能遇到的特定情况。然后要求参与者提供他们在给定情况下的想法、反应和决策过程。它可以帮助研究人员在更现实的环境中发现用户的动机、需求和痛点。通过向参与者展示现实场景，研究人员可以观察他们解决问题的能力、决策策略以及对不同刺激的反应（图2-5）。

参与式观察有助于研究人员了解用户在自然环境中的目标、动机、痛点和挑战。它能够探索影响用户行为和决策的社会、文化和环境因素。通过参与式观察获得的见解，可以为以用户为中心的解决方案设计和开发提供信息。它有助于设计师确定需要改进的领域，验证或挑战假设，并产生新的想法来增强用户体验。参与式观察可以帮助设计师提高同理心、协作能力以及创造更有意义和影响力的设计[1]（图2-6）。

图2-5 情境访谈

2.2.1.2 焦点小组

焦点小组是集体访谈的一种形式，旨在通过小组讨论的方式收集和分析信息。它通常由一组参与者组成，这些参与者在某个特定主题或问题上具有相关经验或观点。焦点小组的目的是深入了解参与者对特定主题的看法、意见和体验（图2-7）。

在焦点小组中，研究者会引导参与者进行开放性的讨论，鼓励他们分享自己的观点、感受和经验。参与者之间可以相互交流，讨论特定问题并提出新的见解。研究者会记录和分析参与者的言论和讨论内容，以获取对研究主题的深入理解[2]。

焦点小组既可以在收集用户需求与概念设计的阶段执行，也可以在验证设计与测试原型的阶段执行，其优势在于可以获取丰富的定性数据。通过小组讨论，参与者可以相互启发和补充，产生更多的思考和见解。此外，焦点小组还可以帮助研究者识别出人们的共同观点、态度和行为模式，揭示出潜在的问题、需求和趋势。焦点小组通常由一个有经验的主持人召集6到8个用户、领域专家、业余爱好者等一些具有不同角度产品相

图2-6 参与式观察研究

图2-7 焦点小组

① ATKINSON M. Ethnography [M] //Routledge Handbook of Qualitative Research in Sport and Exercise. Routledge, 2016: 47-59.
② RABIEE F. Focus-group Interview and Data Analysis [J]. Proceedings of the Nutrition Society, 2004, 63（04）: 655-660.

关者，就某些问题进行讨论。主持人要组织和引导整个流程并保证讨论到所有的重要问题，避免离题。焦点小组能够在一两个小时之内直接面对多名用户，获得第一手的信息。因此可以在同一类用户探索中获得较多的样本，或者引入不同用户的观点碰撞，以更清楚地理解用户态度。

但这一研究方法也存在一定的局限性，比如由于焦点小组每次只有少量的研究人员参与，讨论的结果只代表这个具体小组的观点，不能按照定量的结论来推广，且群体之间存在一定程度的互相影响[①]。

2.2.1.3　卡片分类

卡片分类是一种用户研究方法，用于研究用户如何分类和组织信息。它有助于研究人员了解用户在组织内容或设计信息架构时使用的心智模型和思维过程。

在卡片分类活动中，参与者会收到一组卡片，每张卡片包含一条信息，例如内容主题、特性或功能。然后要求参与者根据他们自己对内容关系的理解将这些卡片分类。他们还可以标记他们创建的组。卡片分类有两种主要类型：开放式卡片分类和封闭式卡片分类[②]。

开放式卡片分类：参与者将卡片分成对他们有意义的类别，并为每个组分配自己的标签。这种方法可以深入了解用户如何在没有任何预定义类别的情况下自然地组织信息（图2-8）。

封闭式卡片分类：参与者将卡片分类到研究人员提供的预定义类别或组中。该方法可用于验证现有信息架构或评估预定分类方案的有效性（图2-9）。

卡片分类法通过从卡片分类会话中收集数据，识别用户分组和分类信息方式中的模式和主题。这样可以帮助研究人员了解用户如何概念化内容以及他们期望如何在系统或界面中查找信息。这些发现可以指导以用户为中心的设计，使其有更好的内容组织和结构、导航设计和信息层次结构[③]。

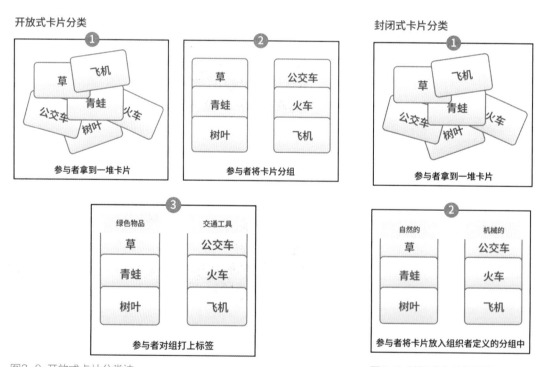

图2-8　开放式卡片分类法　　　　　　　　　　图2-9　封闭式卡片分类法

---

① MORGAN D L. The Focus Group Guidebook [M]. California: SAGE Publications, 1998: 1-15.
② WOOD J R, Wood L E. Card Sorting: Current Practices and Beyond [J]. Journal of Usability Studies, 2008, 4（1）: 1-6.
③ SPENCER D, GARRETT J J. Card Sorting [M]. New York: Rosenfeld Media, 2009.

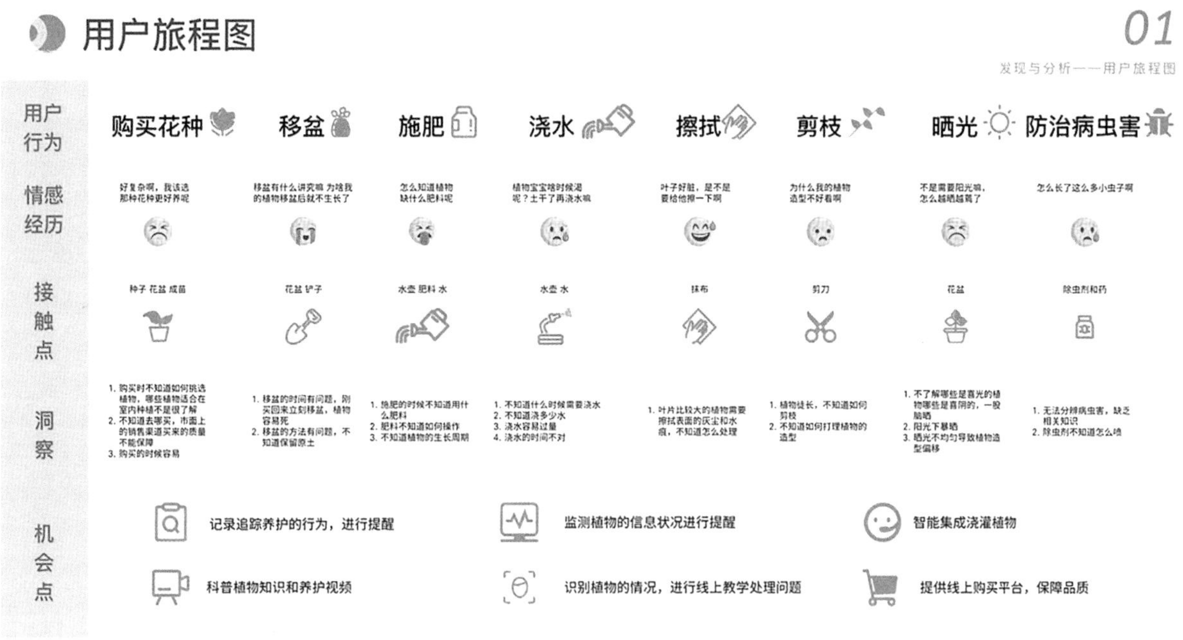

◑ 用户旅程图

图2-10 以家庭植物智能养护设计方案为例的用户旅程图

2.2.1.4 用户旅程图

用户旅程地图是一种流程和交互的可视化产品，常被用于剖析用户使用产品、服务或系统的过程。它说明了用户从初始接触点到最终结果的体验，突出显示了关键接触点、情绪、操作和痛点（图2-10）。创建用户旅程地图的目的是更深入地了解用户的观点，并发现和确定用户体验的改进机会。它帮助利益相关者和设计团队与用户产生共鸣，发现当前使用流程与达到良好用户体验之间的差距，并指导产品或服务的设计和优化①。可以通过各种方法创建用户旅程地图，包括用户访谈、观察、调查和分析数据。它们可以用可视化的形式呈现为图表、流程图或信息图，具体取决于所需的详细程度和上下文。用户旅程地图提供了用户体验的整体视图，帮助团队了解用户的观点、协调利益相关者并做出明智的决策，最终创建出以用户为中心的解决方案②。

2.2.1.5 个案研究法

案例研究（Case Study）是一种研究策略，它侧重于深入理解特定情境下的社会现象。这种策略认为，要全面理解一个现象，必须将其置于发生的环境中进行考察。案例研究通常需要对一个或多个组织、群体、个体或特定社会现象进行详细调查，并从典型的个案中推导出普遍规律。这些调查往往需要在一段时间内收集数据。其价值在于其理论导向，它强调理解过程及其背景。案例研究不仅关注特定情境下的现象，还旨在揭示更普遍的相关性和兴趣。理论框架的发展对于案例研究至关重要，它指导数据的收集和解释，并在研究过程中不断检验其合理性。

案例研究在探索新兴的过程、不寻常的行为或极端情境下的现象方面尤其有效。

---

① ENDMANN A, KESSNER D. User Journey Mapping – A Method in User Experience Design [J]. i-com, 2016, 15（1）: 105-110.
② HOWARD T. Journey Mapping: a Brief Overview [J]. Communication Design Quarterly Review, 2014, 2（3）: 10-13.

它有助于识别和理解在普通环境中难以观察到的过程。此外，案例研究能够捕捉组织生活中出现和变化的特性，这在快速变化的环境中尤为重要。个案研究是一种强调深入透彻地关注自然场景中特定"故事"的研究方法。它通过探究特定时空中的情景，更深入地了解个体的主观意愿、生存状态和人生中的某段经历。较常用的个案研究法有典型人物（事件）研究法和资料研究法两大类[①]。

2.2.1.6 扎根理论

扎根理论（Grounded Theory）由美国社会学家巴尼·格拉泽（Barney G. Glaser）和安塞姆·施特劳斯（Anselm Strauss）在1967年提出[②]。该理论的核心在于通过系统地收集和分析数据，从实际经验中生成理论，而不是从预先设定的理论出发。扎根理论强调数据的重要性，认为理论应该从数据中自然地"扎根"出来，而不是强加于数据之上。研究者在研究开始之前一般没有理论假设，而是从实际观察入手，从原始资料中归纳出经验，然后上升到理论。这是一种自下而上的实质理论建立方法，即在系统收集资料的基础上寻找反映社会现象的核心概念，然后通过这些概念之间的联系建构相关的社会理论[③]。

在扎根理论的研究过程中，研究者首先通过观察、访谈、文档分析等多种方式进行数据收集，随后对收集到的数据进行仔细地编码和分类，以识别出关键的概念和类别。通过不断的比较和相关性分析，研究者将这些概念和类别整合成更高层次的范畴，并形成初步的理论框架。随着研究的深入，研究者会持续地对数据进行比较、反思和理论抽样，以检验和完善理论。

扎根理论的顺序不是线性的，而是动态的、迭代的。研究者在研究过程中可能会多次回到前面的步骤，根据新的发现和理解来调整研究方向和方法。一般来说，研究者首先需要通过观察、访谈、文档分析等方式收集数据，随后对收集到的数据进行初步分析，识别出数据中的关键概念、属性和类别以形成开放式编码。在开放式编码的基础上，研究者开始寻找数据中的核心类别，并围绕这些核心类别构建理论形成主轴编码。而后不断地比较、整合和细化，专注于发展核心类别，并将其与次要类别联系起来，形成完整的理论框架。再根据基础分析结果，有选择性地收集更多数据，以进一步发展和验证理论、将所有编码和分析整合成一套连贯的理论。确保理论的各个部分相互关联并形成一个整体、在理论构建完成后，研究者需要验证理论的有效性和可靠性，并根据反馈不断修正。

2.2.2 定量研究方法

定量研究是一种用户研究方法，旨在通过收集和分析大规模的数据，了解用户行为、态度和偏好等方面的情况。通过定量研究，研究者可以量化用户体验和用户行为，以及评估产品或服务的效果和影响。定量研究的优势在于能够提供客观、可重复

---

① FLYVBJERG B. Case Study [M]. The SAGE Handbook of Qualitative Research. London: SAGE Publications, 2011: 301-316.
② CUTCLIFFE J R. Methodological Issues in Grounded Theory [J]. Journal of Advanced Nursing, 2000, 31（6）: 1476-1484.
③ 陈向明. 扎根理论的思路和方法 [J]. 教育研究与实验, 1999（04）: 58-63+73.

和可比较的结果。通过定量数据的分析，研究者可以量化用户行为和体验，发现模式和趋势，验证假设和推断总体特征。这种方法可以为产品设计和决策提供可靠的数据支持，减少主观偏见和不确定性。一般来说，定量研究对样本量的需求较大，在搜集样本的过程中也会间接地收集用户的行为和态度。最常见的定量研究方法包括问卷调查，生理测量，A/B测试等。

2.2.2.1 问卷调查

问卷调查是用户研究中常用的一种定量研究方法，用于收集大量参与者的数据和见解。它需要先设计一组结构化的问题，然后向参与者发放问卷，以收集有关他们的态度、行为、偏好和人口统计特征的信息。

问卷调查的第一步是设计问卷，包括确定研究目标、确定目标受众以及针对研究目标制定清晰简洁的问题。问卷可以包含多种问题类型，例如多项选择、李克特量表、排名或开放式问题。为了获得具有代表性的样本，研究人员需要确定合适的样本量和抽样方法。样本的选择应确保它能代表目标人群并最大限度地减少潜在偏差。

根据研究目标和可用资源，可以使用随机抽样、分层抽样或便利抽样。一旦设计了调查问卷并确定了样本，就开始了数据收集过程。这可以通过各种方法完成，包括在线调查、纸质调查或电话访谈。研究人员应向参与者提供明确的指示，确保机密性和匿名性，并鼓励诚实和准确的回应。收集调查数据后，研究人员分析来自参与者的反馈以获得有意义的见解。这一过程涉及总结和组织数据、进行统计分析和解释调查结果等环节。统计工具和软件可用于分析数据并识别模式、趋势和相关性。

为确保问卷调查的有效性和可靠性，研究者应注意问题的质量、抽样过程和数据收集方法。问卷调查的问题一定是经过精挑细选的，与其问题多而杂，不如少而精。最后，问卷的设计也很重要，精美工整的问卷设计能提高用户的兴趣，提高问卷的完成率。在发放问卷之前，最好与研究人员一起预先测试问卷，检查并修正问卷可能产生的任何歧义和困惑，并改进调查工具。问卷调查的结果通常以描述性统计、表格、图表和图形的形式报告。研究人员应该在研究目标的背景下解释研究结果，并得出有意义的结论。结果可为决策提供信息、支持设计选择或确定需要进一步调查的领域[1]。

问卷调查提供了一种从参与者那里大量收集定量数据的方法，使研究人员能够将调查结果推广到更大的人群。问卷的结果提供了对用户偏好、行为和意见的宝贵见解，对定性研究方法的结果形成补充。在这一过程中，最重要的是要仔细设计问卷并考虑与自我报告数据相关的潜在偏差和局限性[2]。

2.2.2.2 眼动测试

眼动测试（Eye-Tracking）是一种可用于了解用户如何与产品和服务交互的技术。它涉及跟踪用户注视产品或原型时眼球的活动（图2-11、图2-12）。眼动测试可以成为了解用户如何与产品和服务交互的宝贵工具，可用于探索界面设计中需要改进

① Rattray J，Jones M C. Essential Elements of Questionnaire Design and Development [J]. Journal of Clinical Nursing，2007，16（2）：234-243.
② KROSNICK J A. Questionnaire Design [M] //The Palgrave Handbook of Survey Research. Cham：Cham Springer International Publishing，2018：439-455.

Eye Movement Technique

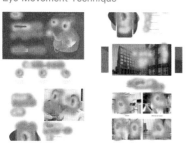

图2-11 眼动注视热点图　　　　　　　　　　　图2-12 TOBII PRO GLASSES 3穿戴式眼动仪

的地方，并使产品和服务更加人性化[①]。

借助眼动仪记录的数据，研究者能够准确了解用户的注意力集中在页面的哪些部分，以及他们的视线移动路径。基于这些眼动仪记录的信息，研究者可以进行页面的优化和调整，将重要的信息放置在用户的关注点附近，以提升用户体验和信息传达效果。这样的改进能够更好地引导用户的注意力，并提高网页的可用性和吸引力。

2.2.2.3　脑电图技术

脑电图（Electroencephalography，EEG）是一种记录脑电波的电生理监测方法[②]，EEG技术作为一种非侵入性技术，可以测量和记录大脑中的电波活动。它可以用来深入了解一个人的认知和情绪状态，以及他们对不同刺激的反应（图2-13）。

在设计领域，脑电图技术是一种有价值的需求洞察工具，因为它提供了关于消费者行为和偏好的客观、实时的数据。通过分析大脑活动，研究人员可以深入了解消费者的消费动机，他们对不同产品和营销信息的反应，以及产品或体验的哪些方面对他们来说最重要。随着技术的不断发展和普及，它有可能改变企业处理产品设计、市场研究和消费者洞察的方式[③]。

2.2.2.4　时间序列分析

时间序列分析（Time Series Analysis），是度量分析时间数据的重要方法，在互联网（销售预测、产品效果评估、用户画像、潜客用户挖掘）、异常检测、金融工程（股票价格、基金价格）、计量经济学、健康医疗（心电图、脑电图）、天气预报等领域得到广泛应用。

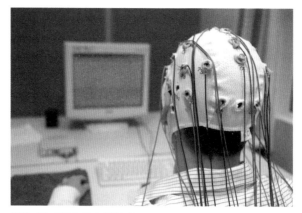

图2-13 EEG 脑电图技术

① AYTON L N, ABEL L A, FRICKE T R, et al. Developmental Eye Movement Test: What is it Really Measuring? [J]. Optometry and Vision Science, 2009, 86（6）: 722-730.
② 刘婧尧. 台湾新媒体艺术节的空间生产研究 [D]. 四川大学，2021.
③ SOUFINEYESTANI M, DOWLING D, KHAN A. Electroencephalography（EEG）Technology Applications and Available Devices [J]. Applied Sciences, 2020, 10（21）: 7453.

时间序列分析的核心在于识别和建模数据中的不同组成部分，主要包括趋势、季节性、周期性和随机波动。趋势反映了数据随时间变化的长期方向；季节性指数据在一定周期内（如一年）重复出现的模式；周期性则是数据中存在的非固定周期的波动；随机波动是数据中的不可预测部分，通常被视为噪声。

在进行时间序列分析之前，需要对数据进行预处理，这包括数据清洗、处理缺失值和异常值。随后，通过统计测试检验数据的平稳性，因为许多模型都要求数据的平稳性。如果数据不平稳，可能需要通过差分、对数转换等方法进行转换，以达到平稳状态。

时间序列分析涉及多种模型，包括自回归模型（Autoregressive Model，AR）、移动平均模型（Moving Average Process，MA）、自回归移动平均模型（Autoregressive Moving Average，ARMA）、季节性自回归移动平均模型（Seasonal Autoregressive Integrated Moving Average，SARIMA）等。AR模型假设当前值可以由过去的值预测；MA模型关注随机误差项的移动平均；ARMA模型结合了AR和MA的特点，能够同时考虑数据的自回归特性和移动平均特性；SARIMA模型则是ARMA模型的扩展，加入了季节性差分和季节性移动平均项，可用于分析具有明显季节性特征的时间序列数据。随着大数据和机器学习技术的发展，时间序列分析领域也在不断进步。新的分析方法和模型不断涌现，使得时间序列分析功能更加强大和灵活。结合传统统计方法和现代技术，时间序列分析在各个领域中的应用前景广阔[①]。

2.2.2.5　结构方程模型

结构方程模型（Structural Equation Modeling，SEM）是一种多变量统计分析技术，它结合了因子分析和多元回归分析的特点，用于分析变量之间的复杂关系。SEM不仅能够处理多个因变量，还能同时估计测量误差，并且可以包含潜在变量（Latent Variables），即那些不能直接观测的抽象概念，如情绪、态度、动机等。

SEM的核心在于构建一个模型，该模型由两部分组成：测量模型和结构模型。测量模型描述了观测变量（Observable Variables）与潜在变量之间的关系，而结构模型则描述了潜在变量之间的因果关系。通过这种方式，SEM能够揭示变量间的直接效应和间接效应，为研究者提供了一种强大的工具来测试理论模型和假设。

SEM的分析过程通常包括模型的规范、识别、估计和验证。在模型规范阶段，研究者基于理论和先前研究来定义模型中的变量及其关系。模型识别则是确保模型有唯一解的过程，这涉及模型中参数的数量和数据提供的信息量。在模型估计阶段，研究者使用统计软件来估计模型中的参数。最后，在模型验证阶段，研究者通过各种统计指标来评估模型的拟合程度，如卡方值（Significance Level，SIG）、均方根残差（Root Mean Square Error of Approximation，RMSEA）、比较拟合指数（Comparative Fit Index，CFI）等。

结构方程模型分析法是一种动态的、不断修改的过程。研究人员需要根据每次建模计算得到的结果去分析模型的合理性，然后依据经验和前一模型的拟合结果去调

---

① HAMILTON J D. Time Series Analysis [M]. Princeton: Princeton University Press, 2020.

整模型结构，最终得到一个最合理的、与事实相符的模型。此外，结构方程模型的建立、拟合、评估、筛选和结果展示全过程都需仔细考量，以确保分析结果的准确性和可靠性[①]。

2.3　大数据驱动的用户研究

随着互联网的发展和智能设备的普及，人们在日常生活中产生了大量的数据，包括浏览记录、社交媒体活动、在线购物行为等。这些数据的规模迅速增长，为用户研究提供了丰富的信息资源。大数据时代的数据不仅规模庞大，而且具有多样性。除了传统的结构化数据，还涌现出半结构化数据和非结构化数据，如文本、图像、音频和视频等。随着大数据技术和数据分析工具的不断进步，人们能够更有效地处理和分析海量的数据。机器学习、数据挖掘和自然语言处理等技术的发展，使得从大数据中提取有用信息和发现隐藏模式变得更加可行。在数字化时代，用户的行为越来越多地在数字平台上进行，如在线购物、社交媒体互动、移动应用使用等。这些数字化的行为留下了详细的记录，可以被捕捉和分析，从而帮助研究者深入了解用户的需求、偏好和行为模式。

基于上述变化，大数据正在驱动着用户研究的变革，并且这种趋势将持续增长，传统的用户研究方法逐渐被大数据驱动的方法所取代。这种趋势使得研究者能够更深入地了解用户行为、需求和偏好，为产品和服务的开发提供更准确的指导。大数据和人工智能的结合将为用户研究带来更多的机会和挑战，为我们提供更全面、精准的用户洞察和决策支持。

2.3.1　大数据技术

1980年，美国未来学家Alvin Toffler在其所著的《第三次浪潮》一书中，首次提及"大数据"一词。随着《自然》杂志和《科学》杂志分别开辟了介绍大数据的专刊，大数据开始被广泛关注。Gartner、Mckinsey等人在2011年提出了大数据的5V特征，即体量（Volume）、种类（Variety）、速率（Velocity）、价值（Value）、真实性（Veracity），得到了学术界和产业界的广泛认同。

根据大数据技术的5V特征，其应用在用户研究主要有以下优势：

体量（Volume）：数据技术可以支持大规模的用户数据收集，通过收集海量数据，可以获得更全面、全局的用户行为和趋势信息，避免了传统小样本研究的局限性。

种类（Variety）：大数据技术支持处理多样化的数据类型，这使得用户研究可以综合不同类型的数据进行分析，从而获得更全面、多维度的用户洞察。

速率（Velocity）：通过快速计算和实时跟踪，能够迅速分析和解决用户体验问题，提供及时的反馈和改进。

① BOWEN N K，GUO S. Structural Equation Modeling［M］. New York：Oxford University Press，2011.

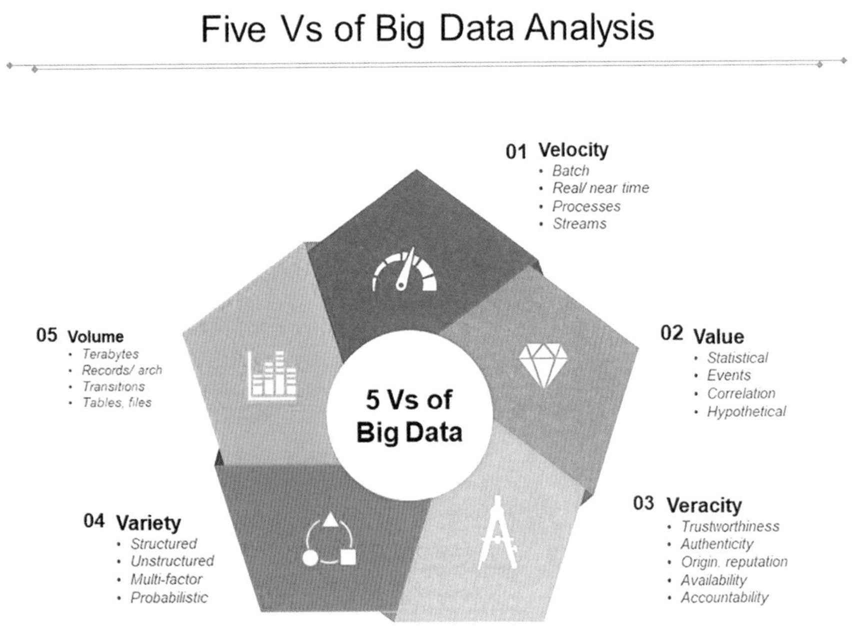

Five Vs of Big Data Analysis

01 Velocity
- Batch
- Real/ near time
- Processes
- Streams

02 Value
- Statistical
- Events
- Correlation
- Hypothetical

03 Veracity
- Trustworthiness
- Authenticity
- Origin, reputation
- Availability
- Accountability

04 Variety
- Structured
- Unstructured
- Multi-factor
- Probabilistic

05 Volume
- Terabytes
- Records/ arch
- Transitions
- Tables, files

5 Vs of Big Data

图2-14 大数据的5V特征

价值（Value）：大数据具有真实有效的特点，通过准确全面的数据和分析结果，为用户研究提供更有价值的洞察和决策支持。

真实（Veracity）：大数据技术提供了更准确、客观的数据支持。

对于设计者而言，大数据分析可以提高用户体验研究方法的精准度，使得以用户体验为中心的产品设计目标更容易实现。通过深入分析用户数据，设计者可以更好地理解用户需求、行为和偏好，从而优化产品的功能和界面，提升用户满意度。

对于用户而言，大数据技术的5V特征为用户研究提供了更广阔的数据基础和分析能力，使得用户研究可以更全面、准确地理解用户行为和需求，从而为产品设计和服务优化提供指导。大数据分析能够对特定用户的需求进行精准适配，让个性化推荐和定制化服务成为可能，体现了以人为本的产品设计理念（图2-14）。

2.3.2　大数据驱动的用户研究方法

2.3.2.1　用户数据采集

在数字化时代，大数据已经成为企业和组织获取竞争优势的关键。其中，数据采集是大数据处理的第一步，涉及从各种数据源中捕获、识别和选择数据。数据源包括社交媒体、企业数据库、物联网设备等。用户数据采集的目的是获得洞察力，帮助企业更好地理解客户群体，从而提供个性化服务、优化产品开发、制定市场策略、提高运营效率和客户满意度。通过分析这些数据，企业可以识别市场趋势、预测用户需求、评估广告效果、改善用户体验，并制定基于数据的决策。

数据采集在数据体系建设的最上游，是非常重要的一个环节。数据采集的整个过程包括后端交互采集方式和用户行为采集方式，即埋点技术。埋点技术的主要目的是为了基于数据的视角观察用户如何在产品中"活动"，帮助设计者了解设计的缺陷，优化交互设计，提高产品的体验。此外，从公共网站和社交媒体平台上抓取数据的网络爬虫技术以及在应用程序中嵌入SDK（Software Development Kit）以收集用户交互数据，或者使用API（Application Program Interface）来集成不同服务和平台的数据等方法都是采集用户行为数据的重要方法。

大数据驱动的用户数据采集为企业提供了一个强大的工具，以深入了解用户并做出数据驱动的决策。通过精心设计的数据采集和分析流程，企业可以提升用户体验、增强竞争力，并实现可持续的业务增长。

2.3.2.2 用户数据处理

对于收集到的用户数据在进行分析前需要经过清洗和预处理，以去除噪声和不一致性，然后进行转换和加载到适合分析的数据仓库中。大数据平台如Hadoop和Spark提供了必要的技术支持，使得处理大规模数据集成为可能，这些平台具备高扩展性、高性能和成本效益。

数据清洗是指对收集到的数据进行检查、处理和转换，以确保数据的质量和可用性。它涉及识别、纠正（或删除）数据集中的错误、不一致性、不完整或不准确的数据，以提高数据质量，确保后续分析的准确性和可靠性。数据清洗的具体操作包括处理缺失值，这可能涉及填充缺失值、删除记录或保留空缺；识别和处理重复数据，以避免数据分析时的偏差；以及格式标准化，确保数据格式的统一性。数据转换是将数据转换成适合分析的形式，可能包括分类数据的编码或文本数据的数值化。此外，特征工程也是数据清洗的一部分，它涉及创建新的特征或修改现有特征以提高模型性能[1][2]。

数据集成是将不同来源的数据进行整合，以便更好地理解和分析数据。用户数据集成有利于提高分析结果的准确性和可信度，因为它可以消除重复或错误的信息，增加信息量和覆盖度，提供更完整和丰富的视角。同时，用户数据集成也有助于提高分析或挖掘效率和效果，减少后续步骤中需要处理的复杂度和难度，增强特征提取和模型构建等过程中所需信息之间关联性[3]。

数据转换是指对整合后的数据进行转换和标准化的过程，以便进行后续的数据分析和挖掘。数据转换包括多个步骤，如数据编码、标准化、缩放、聚合、归一化等处理[4]。

在用户数据预处理中，数据规约是指对数据进行抽样、压缩、聚合等处理方式，以减少数据量、降低数据维度，从而提高数据的处理效率和准确性。数据规约的目的在于减少数据的处理时间和存储空间，同时提高数据的处理效率和准确性。通过数据

---

① ALASADI S A，BHAYA W S. Review of Data Preprocessing Techniques in Data Mining [J]. Journal of Engineering and Applied Sciences，2017，12（16）：4102-4107.

② CHU X，ILYAS I，KRISHNAN S，et al. Data Cleaning：Overview and Emerging Challenges [J]. Data Cleaning：Overview and Emerging Challenges，2016：2201-2206.

③ ZIEGLER P，DITTRICH K R. Data Integration - Problems，Approaches，and Perspectives [M] //Conceptual Modelling in Information Systems Engineering. Berlin：Springer Science & Business Media，2007：39-58.

④ FAN C，CHEN M，WANG X，et al. A Review on Data Preprocessing Techniques Toward Efficient and Reliable Knowledge Discovery From Building Operational Data [J]. Frontiers in Energy Research，2021，9：1-17.

规约，可以减少冗余信息和噪声数据的干扰，使得数据分析和挖掘更加准确和可靠[①]。

数据规约是一种能有效处理大规模用户数据集的技术，在提高效率和质量方面具有重要意义。数据规约是数据分析中用于降低数据集复杂性、提高处理效率和提升模型性能的技术。它通过减少数据集中的特征数量或数据点的数量来简化数据，同时尽量保留数据集中的关键信息。但是，在进行数据规约时也应注意策略和方法的选择，并评估其对挖掘结果的影响[②]。

2.3.2.3 用户数据分析

用户行为分析是在数据分析框架下的一项重要工作，旨在深入了解用户的行为习惯以及他们与产品的互动方式，进而为产品设计提供了详细而清晰的洞察力。

通过用户行为分析，产品设计者能够更好地了解用户在网站、应用程序或其他平台上的行为模式。通过追踪和分析用户的点击、浏览、购买、搜索等行为，可以发现用户在使用过程中可能遇到的问题或障碍，从而提供改进和优化的机会。在用户行为领域，数据的使用、挖掘及分析是非常重要的，围绕数据的活动能够相对完整地揭示用户行为的内在规律，并帮助设计师实现多维交叉分析[③]。

一般来说，用户数据的内容涉及对用户在业务过程中的具体行为事件及发生时间进行指标加工和事件分析，旨在揭示这些行为事件的特征。用户数据分析能够帮助企业或组织了解用户在页面上的点击行为，进而评估页面的设计效果，发现用户的需求和痛点，提高用户体验和转化率。对用户在网站、应用或其他数字平台上的行为进行跟踪分析，有助于了解用户在平台上的访问路径和行为流程[④]。基于业务流程的数据分析模型，能够挖掘用户行为状态以及从起点到终点各阶段用户转化情况，进而定位用户流失的环节，并分析原因。最后，基于用户行为的数据综合指标，还可以解决产品的运营情况，为产品的发展进行用户健康度分析和预警[⑤]。

2.3.2.4 基于用户数据的需求洞察

随着大数据技术和机器学习算法的不断发展，可以对大规模的用户数据进行挖掘和分析，从中发现用户的隐藏模式、关联性和特征。基于大量数据的积累，企业和研究人员可以构建群体用户画像，并通过数据驱动的方式，深入了解用户在不同情境下的行为模式和偏好，了解他们的消费习惯以及个人特征。这有助于企业和组织更好地了解用户需求，精准地推出符合用户期望的产品和服务，提升用户体验和满意度[⑥]。

构建用户画像的过程包括数据收集、数据清洗和数据分析等环节。通过数据挖掘和机器学习等技术手段，研究者可以从庞大的数据中提取出有意义的信息，并对用户进行分类。用户画像可以为市场营销、产品设计和个性化推荐等领域提供有针对性的

029

① 许辉. 数据挖掘中的数据预处理 [J]. 电脑知识与技术，2022，18（04）: 27-28+31.
② 孔钦，叶长青，孙赟. 大数据下数据预处理方法研究 [J]. 计算机技术与发展，2018，28（05）: 1-4.
③ 孙宇. 基于海量数据的用户行为数据分析系统研究与实现 [D]. 山东大学，2017.
④ SINGH N K, TOMAR D S, ROY B N. An Approach to Understand the End User Behavior through Log Analysis [J]. International Journal of Computer Applications，2010，5（11）: 27-34.
⑤ 周学申. 大数据技术视域下对用户行为数据的分析与应用思考 [J]. 数字技术与应用，2020，38（11）: 44-46.
⑥ 胡晓坤，王愉. 线上会议交互界面设计研究——以腾讯会议为例 [J]. 北京印刷学院学报，2023，31（05）: 56-60.

决策支持，帮助企业更好地满足用户的需求，提高竞争力。

此外，大数据用户画像在许多行业中的认可度也在不断提高。众多知名公司如百度、微博、腾讯等都积极打造自己的用户画像分析平台，以全面洞察用户行为。这些公司认识到，通过深入了解用户的特征、兴趣和需求，可以更好地满足用户的期望，提供个性化的产品和服务[①]。通过大数据用户画像的分析，这些公司能够洞察用户的消费习惯、社交互动方式以及对内容的偏好，从而精确定位目标用户群体，制定有效的市场营销策略，并提供更加个性化和优质的用户体验[②]（图2-15、图2-16）。

阿里巴巴利用大数据构建了一套名为"全景洞察"的系统，通过对消费者特征和行为的深入分析，实现对现象背后原因的深度洞察。通过"全景洞察"系统，阿里巴巴可以收集和分析大量的消费者数据，包括购买行为、浏览偏好、搜索记录等。通过对这些数据的挖掘和分析，系统可以发现消费者的特征和行为模式，了解他们的偏好和需求。基于这些分析结果，品牌商可以更好地进行产品规划和商业决策。在"全景洞察"系统中，用户可以自由选择所需的数据分析方法，并根据需要对任意数据维度进行对比、交叉和关联分析。系统可以在瞬间完成对上亿条数据的计算，并以可视化的方式在0.1秒内呈现结果。在呈现结果后，用户还可以继续对数据进行细分和深入分析。

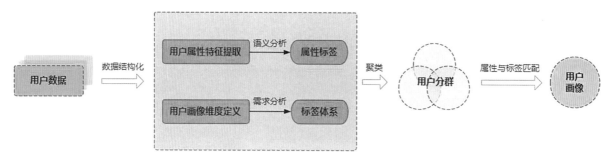

图2-15 用户数据驱动用户画像构建

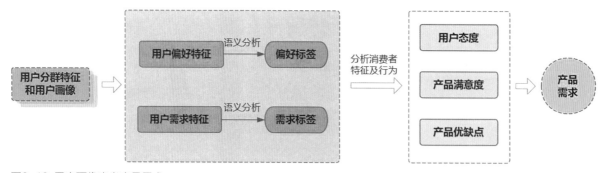

图2-16 用户画像定义产品需求

① TEIXEIRA C, SOUSA PINTO J, ARNALDO MARTINS J. User Profiles in Organizational Environments [J]. Campus-Wide Information Systems, 2008, 25（3）: 128-144.
② 谭浩, 尤作, 彭盛兰. 大数据驱动的用户体验设计综述 [J]. 包装工程, 2020, 41（02）: 7-12+56.

思政训练项目

　　中国古代先民观察到自然界中各种对立又互补的大自然现象，如日月、昼夜、寒暑等，认识到事物普遍存在的相互对立又相互依存的两种属性，归纳出"阴阳"的概念。阴阳之间的对立制约、互根互用并不是一成不变的，而是处于一种消长变化中，在这种消长变化中达到动态的平衡。可以说，阴阳消长是一个量变的过程，而阴阳转化则是质变的过程。阴阳消长是阴阳转化的前提，而阴阳转化则是阴阳消长发展的结果。

　　互补思想在我国古代早已有之，而"互补设计方法"正是试图建立一个互为关系的设计思维模式，这种关系看起来是对立的，但是它们之间存在着互补性。互补设计方法，换言之就是在互补视角下，互斥思想之间会呈现出某种互补性，辩证地思考这些问题，我们的创新思考能够更加全面彻底，更加深入。请查阅互补设计方法相关文献，分析前文提到的定性研究与定量研究如何在交互设计中实现互补。

一

数智时代下的产品定义模式

随着信息技术的快速发展和数字化转型的兴起，数智时代正在以前所未有的速度和规模改变着我们的生活和工作方式。数智驱动的时代背景下，传统的产品定义模式已经无法满足快速变化的市场环境和用户的个性化需求，而数智时代下的新产品定义模式则成为设计研发成功的关键因素之一。

3.1 定义产品与服务

3.1.1 市场研究与商业场景

3.1.1.1 技术驱动的商业场景新模式

在传统的互联网产品应用领域，大多数产品设计都建立在商业模式创新的基础上。创新模式往往对标传统应用场景，因此新产品带给用户的场景过渡就比较容易完成。在设计商业化产品时，必须明确产品的商业化应用场景。在科技领域（比如大数据、人工智能、工业互联网、高端机器人、虚拟现实/增强现实等应用领域）中，产品的设计逻辑会有不同。

（1）新技术+常规商业化场景

这类定义方法是指在常规商业化场景中找到新技术的商业化落地方式并完成产品定义。常规商业化场景是已经存在的场景，而新技术则为这些场景带来全面的提升。

阿里云旗下的智能视觉生产（Intelligent Visual Production，IVPD）是以视觉AI能力为基础，综合平台能力和业务数据积累，面向传媒娱乐、工业制造、数字营销等行业的智能产品，它提供视频、模型、图像等视觉内容的智能化生产服务，帮助客户提升生产效率，压缩生产周期，实现生态闭环。在此产品中，视觉内容（如图片）的处理是已经存在的具体的商业化落地场景。IVPD可以用于图片的处理和分析，以增强第三方应用的服务能力，提升使用者的工作效率，并且有助于使用者减少大量的算法研发投入（图3-1）。

（2）新技术+创新商业化场景

这类定义方法是指在创新商业化场景中找到新技术的商业化落地方式并完成产品定义。创新商业化场景即先前不存在的场景，是一个"无中生有"的场景，但却能创造用户价值（包括经济效益）。

阿里云旗下的视觉计算服务（Visual Compute Service，VCS），是一款弹性可伸缩的视觉智能计算服务，拥有视觉数据接入、AI算法训练、计算资源调度的能力，通过API支撑开发业务应用，同时帮助开发者提升视觉AI创新效率，专注核心业务创新。视觉计算服务提供通用的图形渲染、编码及传输优化

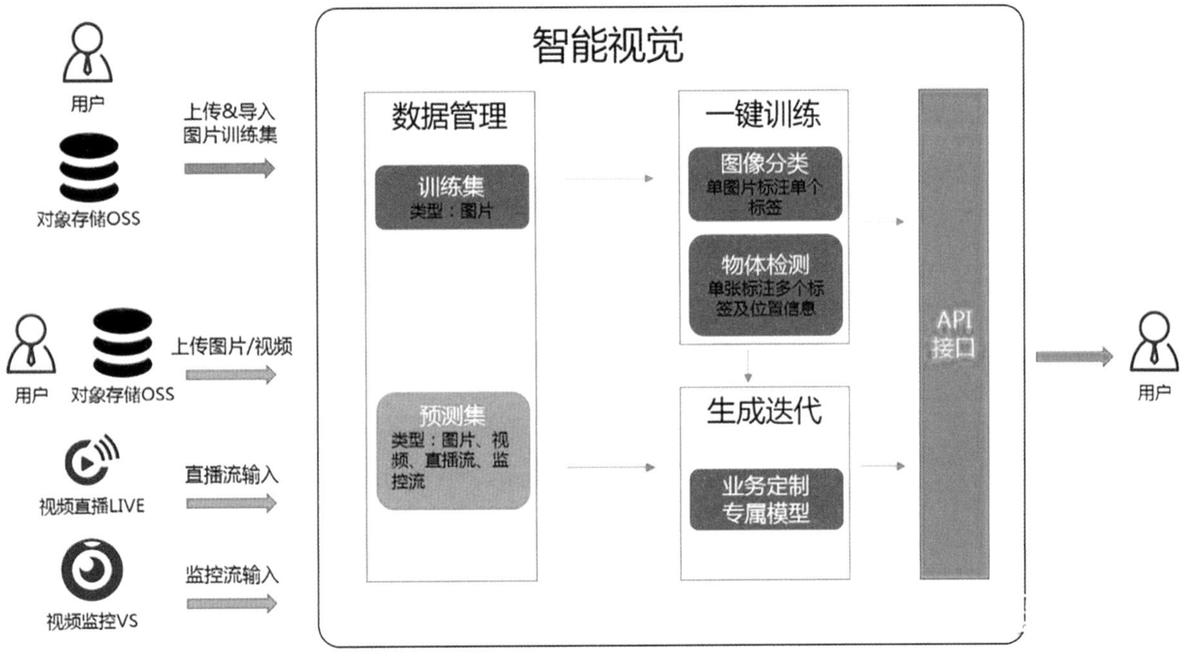

智能视觉

数据管理

训练集
类型：图片

预测集
类型：图片、视频、直播流、监控流

一键训练

图像分类
单图片标注单个标签

物体检测
单张标注多个标签及位置信息

生成迭代

业务定制专属模型

API接口

用户　上传&导入图片训练集

对象存储OSS

用户　对象存储OSS　上传图片/视频

视频直播LIVE　直播流输入

视频监控VS　监控流输入

用户

图3-1　阿里云智能视觉产品架构图

服务（图3-2）。

3.1.1.2　数据驱动的市场研究新变化

市场定义是企业成功的基石，定义市场意味着对目标市场进行准确的定义、划分和理解，从而更好地满足用户需求、制定营销策略和实现竞争优势。数智时代的快速变化和竞争激烈的商业环境使市场定义面临着新的挑战和机遇。利用人工智能算法、数据分析挖掘市场趋势，设计师可以获得决策辅助，实现快速、个性化的产品设计。通过数据挖掘进行市场分析和探索市场供需变化，能够有效指导企业调整产品设计方案。大数据分析市场趋势的过程可以归纳为以下几个方面：首先，明确研究目标；其次，收集并整理相关数据；然后，利用数据分析工具进行深入分析；最后，对结果进行分析和解读。由于时代的变革和消

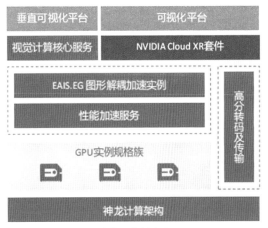

垂直可视化平台　可视化平台

视觉计算核心服务　NVIDIA Cloud XR套件

EAIS.EG 图形解耦加速实例

性能加速服务

高分转码及传输

GPU实例规格族

神龙计算架构

图3-2　阿里云视觉计算服务构架图

费者需求的不断变化，市场趋势对企业的战略决策至关重要。数据分析是识别市场趋势的关键工具，可以帮助企业了解市场的动态变化，把握市场机遇，并制定适应市场趋势的战略。

利用数据挖掘识别客户需求。基于数据挖掘的市场分析旨在识别目标客户，洞悉其需求，并将其需求转化为产品特征，从而更好地进行需求定义。与人工分析市场相比，基于数据挖掘的市场研究将机器学习与统计学相结合，可以发现市场数据的隐含关联。具体而言，基于历史市场波动数据的特征分析和拟合，构建市场风险评估模型，可以分类和预测异常的用户活动（例如，销售额突然下降或集中的用户反馈）。统计学作为一种数据挖掘的数学工具，可以根据用户消费数据分析潜在的市场趋势。数据挖掘的相关统计方法在发现未满足的产品需求和预测市场机会、探索市场供需变化和指导制造商调整产品设计方案方面是非常有效的。

3.1.2 需求感知与转化

数智时代下的需求定义转变为更加关注用户的确切需求，更加注重挖掘潜在需求、预测未来需求，并与客户之间建立深入的沟通和互动。通过大数据分析、人工智能和机器学习等技术，企业能够从海量数据中提取有价值的信息，把握市场趋势和用户行为，进一步定义并优化产品和服务。

需求分析的重点是根据用户需求和市场数据，分析关键用户偏好，并将其正确转化为合适的产品属性和特征，从而有效捕捉和筛选用户偏好数据，包括用户评论、满意度、网络视频等。需求分析是通过一定的方法获取用户需求信息，然后根据用户需求数据的重要性及其对产品设计的影响对用户需求信息进行筛选的过程。制造产品的最初动机是为了满足用户需求，而用户需求是数据驱动产品设计的直接动力。随着大数据、物联网等技术的发展，数据驱动的消费者偏好感知成为研究的热点，研究者分析用户需求时往往倾向于使用一些智能分析和数据处理方法对用户需求进行处理。如今企业所面对的市场已经从单一、稳定的市场转变为需要产品差异化、多样化的细分市场。企业要想长久生存，就必须准确把握用户需求，生产出符合其需求的产品。因此，面对巨大的数据生成环境和竞争激烈的市场形势，设计师需要准确了解用户的偏好与需求（图3-3）。

3.1.2.1 数据驱动的用户需求获取

正确识别和预测产品特征是进行需求分析的基础。数据驱动的需求感知和预测框架如图3-4所示。需求预测的前提是通过一定的方法获取用户需求数据，这也是数据驱动的产品设计中较为耗时的一部分。传统的用户需求获取主要是以问卷形式进行的。随着互联网和大数据技术的应用，需求的获取变得更加智能化和快捷化。在获取用户需求数据后，结合产品生命周期各个阶段的数据对用户需求进行分析和补充。相关研究中，有学者提出了一种基于web的客户数据分析和挖

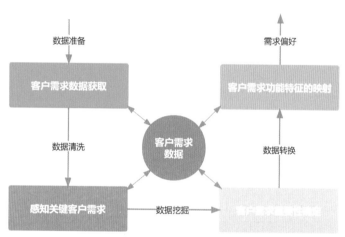

图3-3 用户需求分析阶段的数据驱动设计方法框架

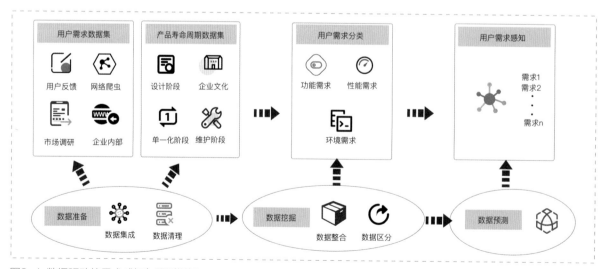

图3-4 数据驱动的需求感知与预测框架

掘技术来捕获客户需求[①]。如针对挥发性有机化合物的分析可以让公司提前识别客户的需求，并利用分析系统提高挥发性有机化合物的加工和利用效率。传统统计技术与数据挖掘技术的结合提高了用户需求分析的可信度。此外，该系统也可以通过整合产品或服务数据库、客户数据库和知识库，提供预警和解决方案。

数据驱动的用户需求获取，旨在探索如何借助大数据分析、机器学习和人工智能等技术手段，实现更全面、准确和精细化的用户需求获取。相关研究中采用了人工免疫和神经系统方法来分析和管理动态的用户需求数据，提出主动管理和动态预测用户需求的方法，以减少开发产品时的市场风险[②]。这种信息获取模式定义了用户需求分析和预测系统，通过定量和定性的用户需求信息，支持产品开发能力，为未来市场生产产品。此外，有学者从大量的消费者评论数据中识别出产品特征和情感特性，通过卡尔曼滤波法预测用户需求的趋势[③]。该方法旨在帮助设计师从大量的消费者数据中提炼有价值的信息，进行以市场为导向的产品设计。

3.1.2.2 需求评估分类与筛选方法

为了更好地理解和满足用户多样化的需求，需要对需求数据进行分类。随着客户需求数据的爆炸式增长，需求分类方法不再局限于传统的分类模式。现有用户需求分类方法包括情绪分析和聚类方法。情绪分析方法确定用户的情绪。基于收集的在线客户评论的产品功能，使用评估网格方法对需求进行聚类分析，以捕捉因情况而异的产品需求。此外，在需求分类过程中，也会使用到混合方法，如研究中会将Kano模型定量地集成到质量功能部署（Quality Function Deployment，QFD）中，在成本和技术约束下优化产品设计，使用户满意度（Customer Satisfaction，CS）最大化，从而对用户需求数据进行分类[④]。在此过程中，Kano模型是通过确定用户需求和用户满意度之间的关系来量化的。随后，将kano模型的定性和定量结果整合到QFD中。最后，建立成本和技术约束条件下用户满意度最大化的混合非线性整数规划模型。

3.1.2.3 需求转换与功能映射

收集到的用户需求数据不仅包括用户对产品功能的需求，还包括用户对产品性能的需求。在进行用户需求转换和映射时，需要确定用户需求的重要性和映射用户需求的功能特征。预测产品特征在未来的重要性对数据驱动的产品设计具有重要影响，因为它直接关系到后期工程需求目标值的设置。用户需求重要性的确定是用户需求预测和综合分析过程中的关键环节，目前种类众多，主要有专家评价法、层次分析法、模糊分析法、特征分析法等。通常情况下，多种方法会被结合使用。

将用户需求转化为产品特性是产品设计的一个关键环节。通过用户需求映射可以将收集到的用户需求数据转换为易于理解的产品特性。除了上述提到的需求转换方法外，QFD对于设计人员来说是一个更有用的工具。QFD是一种集成的决策方法，确保和提高设计过程要素与用户需求的一致性（图3-5）。在需求转换中，QFD的关键功能是利用质量屋建立用户需求数据与技术特征之间的关系矩阵，通过矩阵转换将用户需求数据转化为产品技术特征。

① BAE S M, HA S H, PARK S C. A Web-Based System for Analyzing the Voices of Call Center Customers in the Service Industry [J]. Expert Systems with Applications, 2005, 28 (1): 29-41.
② CHONG Y T, CHEN C H. Management and Forecast of Dynamic Customer Needs: An Artificial Immune and Neural System Approach [J]. Advanced Engineering Informatics, 2010, 24 (1): 96-106.
③ JIN J, LIU Y, JI P, et al. Understanding Big Consumer Opinion Data for Market-Driven Product Design [J]. International Journal of Production Research, 2016, 54 (10): 1-23.
④ JI P, JIN J, WANG T, et al. Quantification and Integration of Kano's Model into QFD for Optimising Product Design [J]. International Journal of Production Research, 2014, 52 (21): 6335-6348.

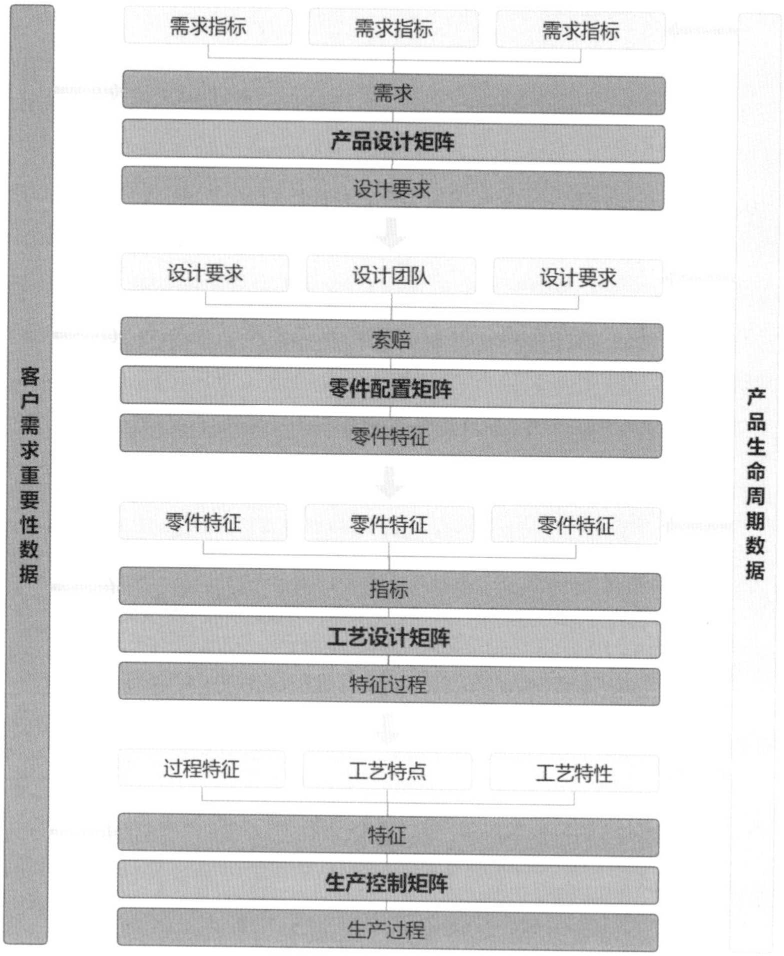

图3-5 QFD扩展模型

3.1.3　服务模式与系统

在数智时代，为了更好地满足用户需求、提供个性化和高效的服务，并获得竞争优势，企业需要建立起灵活的服务模式和系统。定义服务模式和系统成为实现这一目标关键要素。通过明确的服务定义、流程和交付方式，并借助数字化技术和信息化平台，企业可以更好地组织和管理服务资源，提高服务的质量和效率，实现用户价值最大化[①]。

3.1.3.1　全场景智能服务新模式

中华人民共和国工业和信息化部2020年3月起开始推动5G网络，加速企业数字化转型。5G是加速"物联网智能+"的必要条件，产品变得更加智能、数字化和互联。"智能+"是指组织资源跨界、跨行业整合重组，使其成为经济增长的新动力。然而，"智能+"也加剧了企业之间的竞争，这些竞争来自同行业的企业，还来自生态系统中的其他企业。因此，企业的持续发展依赖于在现有产品和服务的基础上，提供一体化、智能化的解决方案。以华为为例，华为的终端产品能够连接不同品牌的硬件或软件，支持场景化的用户互动，提供个性化的服务体验。同样，海尔集团发布了全球首个场景化品牌——三翼鸟（图3-6），能通过智家体验云平台连接各大生态合作伙伴。生态合作伙伴通过与用户的实时沟通和互动，推动场景的自我裂变，为用户

① VARGO S L，LUSCH R F. Institutions and Axioms：an Extension and Update of Service-Dominant Logic［J］. Journal of the Academy of Marketing Science，2016，44：5-23.

图3-6 三翼鸟智能场景化品牌

提供创新的一体化解决方案[1]。百度、高德地图、海信等已从销售单一产品转型为根据多种客户场景提供一体化、智能化服务，这种服务被称为全场景智能服务[2]。

智能服务使用户能够与企业、平台、智能产品、用户群体进行实时交互，从而带来更丰富的共创体验。随着人工智能和大数据等新兴技术被应用在各种服务场景中，传统服务变得更加智能。研究人员和从业者宣称，现在已经进入第四次工业革命，技术正在模糊物理、数字和生物领域之间的界限[3]。研究人员开始探索智能服务的本质及其应用领域，认识到智能服务的重要性[4]。现有研究主要集中于智能服务的发展路径、基本属性、应用领域等方面。

3.1.3.2 数据驱动的服务系统定义

数据驱动的智能服务系统可以定义为利用感知技术、物联网、上下文感知计算和无线通信等技术资源，为用户提供控制和管理事务的服务系统。资源因素包括特定的环境、基础设施、设备和应用程序。受控因素包括特定的对象、过程和用户。现有研究结果表明，具有代表性的因素包括智能家居、能源管理、健康和城市系统[5]。智能服务系统可以与智能洗衣机类比。洗衣机的主要目的是洗衣服，但它也配备了各种传感器，以确定衣服的重量，判断水的质量，并识别衣服的属性（如材料，颜色，脏度）。根据这些数据，这台机器自动使用适量的洗衣粉、水和电，因而能够减少其环境碳排放和节省资金。制造机器的公司可以远程访问用户的数据，并将它们与安装的其他数台洗衣机的数据进行比较。根据这些结果，公司可以远程调整机器内的引擎，对自主功能进行微调和优化。此外，这台机器还提供干洗服务，以满足用户的特殊需求，这可能会增加用户的消费意愿。通过这种方式，智能服务系统将用户和供应商的价值创造视角与智能产品结合在一起。此外，以智能设备、智能对象和信息物理系统等名称命名，将硬件和软件系统嵌入到实体商品中，以数字方式连接到其他产品

① JIANG S, HU Y, WANG Z. Core Firm Based View on the Mechanism of Constructing an Enterprise Innovation Ecosystem: A Case Study of Haier Group [J]. Sustainability, 2019, 11 (11): 1-26.
② WEINA W, ZHANG H, GUPTA S. Research on Value Co-Creation Elements in Full-Scene Intelligent Service [J]. Data Science and Management, 2022, 5 (2): 77-83.
③ HUANG M H, RUST R T. Artificial Intelligence in Service [J]. Journal of Service Research, 2018, 21 (2): 155-172.
④ LIM C, MAGLIO P P. Data-Driven Understanding of Smart Service Systems Through Text Mining [J]. Service Science, 2018, 10 (2): 154-180.
⑤ LIM C, MAGLIO P P. Data-Driven Understanding of Smart Service Systems Through Text Mining [J]. Service Science, 2018, 10 (2): 154-180.

和信息系统，这在许多行业都是一个趋势。智能产品使用传感器来获取上下文数据，与其他参与者交换数据，本地存储和处理数据，自主决策，并通过执行器进行物理操作[①]。通过这种方式，以前孤立和被动的产品以自己的方式加入数字网络世界中[②]。

智能服务系统可以从五个维度来理解，它们是：连接、收集、计算、通信和共同创建。下图展示了基于这五个纬度的智能服务系统机制（图3-7）。圆圈线条表示数据和信息交互过程：智能服务系统整合了技术资源（如特定设备、环境、基础设施和软件），用于实现人与物的连接、数据收集、上下文感知、云计算以及通信自动化，从而促进客户和供应商之间的价值共同创造活动。中心点的圆圈代表持续的系统控制和开发，因为服务系统中的数据和信息交互是迭代的，利益相关者可以通过监控和学习循环来发展他们的关系，并不断提高共同创造的价值。这一特性显示了服务系统思维对于使用各种技术的重要性。智能服务系统的发展方向是明确的，即通过整合连接、收集、计算、通信等技术，持续发展价值共创循环。

图3-7 智能服务系统的概念框架

智能服务系统用处较大。例如，可以将智能家居定义为一种服务系统，通过家庭内部或家庭周边设备和环境的连接，共同创造价值活动（如照明、烹饪、温度控制、车库开放和锻炼），收集生活相关数据，计算上下文感知，以及在有技术装备的房子内或通过技术装备的房子中实现无线通信。

数智时代下的产品定义新模式是企业和组织面对市场环境变化时的必然选择。它们以数据驱动、个性化设计、产品创新等为核心，通过大数据分析、智能技术和数字化工具的应用，定义产品的本质、塑造产品的形态。这些新模式不仅能够满足客户的个性化需求，提升用户体验，还能够提高产品的创新能力和市场竞争力。

综上所述，数智时代下的新产品定义模式是前沿和关键的研究领域，对于企业和组织实现创新和竞争优势至关重要。通过不断探索和实践，可以更好地应对数智时代的变革和挑战，借助数字化技术和信息化环境，不断创新和优化产品定义模式，为用户创造更有价值的产品和服务。

3.2 定义品牌与营销

3.2.1 品牌策略

3.2.1.1 数智驱动品牌特性演变

品牌是指将一个卖家的商品或服务与其他卖家的商品或服务区分开来的名称、术语、设计、符号或任何其他特征。然而，这一定义过于注重产品层面，未能完全涵盖品牌理论中的无形要素。基于Aaker的研究，品牌个性被定义为与品牌相关的人类特征集合。此定义开始关注超越产品功能能力的价值创造。进一步地，

---

① ACATECH. Cyber-Physical Systems: Driving Force for Innovation in Mobility，Health，Energy and Production［M/OL］. Berlin，Heidelberg: Springer Berlin Heidelberg，2011. DOI: https://doi.org/10.1007/978-3-642-29090-9.

② ANTONS D，BREIDBACH C F. Big Data，Big Insights? Advancing Service Innovation and Design With Machine Learning［J］. Journal of Service Research，2017，21（1）: 17-39.

Jones将品牌定义为超越产品功能性的非功能性利益/附加价值。Chernatony进一步量化了这些非功能性品牌元素的价值，提出，虽然非功能性品牌元素只占品牌成本的20%，但对客户购买决策的影响却占80%。

因此，传统意义上的品牌不仅是一个标识产品来源的符号，同时也是解决产品区分性问题的方法。它超越了产品功能性，通过与人类特征的关联和提供非功能性利益/附加价值来创造独特的个性。尽管非功能性品牌元素所占成本不高，但是会对客户购买决策产生重大的影响。

技术的发展会改变现存的市场格局，在互联网时代，产品或服务进入在线平台，品牌开始关注在全球市场的认可。互联网还帮助公司在社交媒体、电子商务网站等数字平台上开展业务，以增加购买特定品牌产品的用户数量。

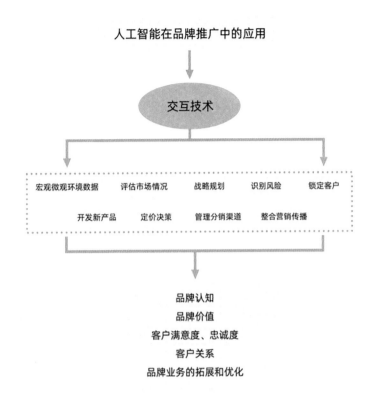

图3-8 人工智能在品牌推广中的应用概述

在数智化时代，人工智能（AI）正通过大数据分析、机器学习、社交媒体分析、算法决策、仿真建模等技术，来帮助企业收集宏观微观环境数据、评估市场情况、进行战略规划、识别风险、锁定客户、开发新产品、进行定价决策、管理分销渠道、整合营销传播等，以实现利润最大化[①]（图3-8）。人工智能正在实质性地改变品牌价值、品牌认知、客户满意度、忠诚度乃至客户关系以及品牌业务的拓展和优化[②]。然而，需要注意的是品牌的成功仍然是一个复杂的过程，人工智能只是影响品牌发展的因素之一，不能将品牌的成功直接归因于人工智能及其带来的好处。现有研究探讨了AI如何影响品牌的各个组成方面，如服务和产品等，并分析了这些因果对品牌成功的作用。研究表明，人工智能对品牌产生了深远影响，通过数智化品牌建设、个性化品牌用户以及跨平台传播等方式，增强创新产品和用户互动，提升了品牌与消费者之间的关系，提高了用户满意度，推动了品牌的发展和创新[③]。

3.2.1.2 数智能时代的品牌定义

数据驱动的品牌建设在数智时代扮演着至关重要的角色，其中，社交媒体分析是一项关键的技术。随着公司和客户在社交媒体上的不断增加，社交媒体平台成为了解消费者行为的重要数据来源。通过社交媒体数据，企业可以制定更具针对性的战略，并优化业务流程。社交媒体数据分为公司生成的内容（Firm Generated Content，FGC）以及用户生成的内容（User Generated Content，UGC），它们是品牌资

① MARINCHAK C M，FORREST E，HOANCA B. Artificial Intelligence：Redefining Marketing Management and the Customer Experience [J]．International Journal of E-Entrepreneurship and Innovation，2018，8（2）：14-24.
② AKTER S，KUMAR A，GOCHHAIT S，et al. The Impact of Artificial Intelligence on Branding [J]．Journal of Global Information Management，2021，29（4）：221-246.
③ WEST A，CLIFFORD J，ATKINSON D．"Alexa，Build Me a Brand" — An Investigation into the Impact of Artificial Intelligence on Branding [J]．Journal of Business and Economics，2018，9（10）：877-887.

产的重要组成部分[①]。FGC是企业通过自身社交媒体页面或账户发布的内容，用于营销和改善客户关系。而UGC则是一种基于网络的、分布式的、非线性的现象[②]。UGC展示了用户对特定品牌的关注和参与[③]。其在社交媒体上的传播促进了品牌的可见度，降低了整合成本[④]。随着媒体渠道越来越强调用户生成的品牌内容，可持续性成了一个新兴的主题。品牌在市场上的排名和平均增长率成为衡量可持续性的重要指标[⑤]。

另外，品牌情报分析在当今AI驱动的世界中扮演着关键角色，它利用文本数据分析来评估品牌的形象、定位和重要性。一种重要的应用是计算语义品牌评分（Semantic Brand Score，SBS），它提供了一种衡量品牌可见度的指标。通过运用大数据，管理者能够监测品牌与积极或消极因素的相关性，并对客户模式和认知趋势进行调整。品牌情报分析的核心包括三个维度：概括性、多样性和连通性。概括性衡量品牌名称在文本中的使用频率，影响品牌的知名度和召回率。多样性访问与品牌相关的文本组合，如词汇嵌入，从而获取更全面的品牌信息。连通性描述了品牌在不同文本之间提供桥梁连接的能力，从而形成品牌的整体形象[⑥]。SBS概念的独特性在于它利用分析技术从客户数据中提取品牌的重要性。它考虑了动态纵向趋势，并用多个在线来源的数据以不同的角度进行分析，适用于不同文化和语言的数据。通过SBS，设计师可以识别和衡量熟知品牌的品牌资产，实现品牌的识别和认知。此外，SBS还可以应用于评估竞争对手的品牌表现，预测股票市场趋势等。

数据驱动的品牌建设借助社交媒体分析和品牌情报分析，为品牌的发展带来了新的可能性，在数智化时代为企业营销和竞争提供了重要支持。数据驱动的方法为企业提供了针对性的战略，优秀的业务流程、良好的可持续性以及全面的品牌洞察，帮助企业提升竞争力，推动了品牌的发展和创新。未来的研究可以进一步为品牌策略提供更深入的洞察和指导，帮助企业更好地了解其品牌在消费者心目中的地位，并制定更有效的品牌建设策略。品牌情报分析的发展也可能引入新的品牌指标和评估方法，以适应不断变化的市场环境和消费者需求。

（1）个性化定制化品牌体验

在智能技术支持下的个性化以及定制化体验是品牌建设中的一个非常重要的方面。从聊天机器人驱动品牌亲密度、人工神经网络与品牌选择以及算法推荐与品牌体验的角度，可以探讨个性化定制化体验对品牌发展的影响。

聊天机器人作为一种交互式代理工具，在与消费者的对话中扮演着重要角色。通过自然语言处理和聊天机器人的发展，消费者可以与智能机器人进行独特而新颖的交互，从而改变了他们搜索、购物和表达对特定

① COLICEV A, MALSHE A, PAUWELS K, et al. Improving Consumer Mindset Metrics and Shareholder Value through Social Media: The Different Roles of Owned and Earned Media [J]. Journal of Marketing, 2018, 82 (1): 37-56.

② BRODIE R J, ILIC A, JURIC B, et al. Consumer Engagement in a Virtual Brand Community: an Exploratory Analysis [J]. Journal of Business Research, 2020, 66 (1): 105-114.

③ HUTTER K, HAUTZ J, DENNHARDT S, et al. The Impact of User Interactions in Social Media on Brand Awareness and Purchase Intention: the Case of MINI on Facebook [J/OL]. Journal of Product & Brand Management, 2013, 22 (5/6): 342-351. DOI: https: //doi.org/10.1108/jpbm-05-2013-0299.

④ SMITH A N, FISCHER E, YONGJIAN C. How Does Brand-Related User-Generated Content Differ Across YouTube, Facebook, and Twitter? [J]. Journal of Interactive Marketing, 2012, 26 (2): 102-113.

⑤ SCHULTZ D E, BLOCK M P. Beyond Brand Loyalty: Brand Sustainability [J]. Journal of Marketing Communications, 2015, 21 (5): 340-355.

⑥ FRONZETTI COLLADON A, GRIPPA F, INNARELLA R. Studying the Association of Online Brand Importance with Museum Visitors: An Application of the Semantic Brand Score [J]. Tourism Management Perspectives, 2020, 33: 100588.

品牌偏好的方式[①]。聊天机器人的存在可以提供个性化的解决方案和服务，为消费者提供定制化的体验。通过与消费者的交流，聊天机器人可以建立更亲密的关系，增强消费者与品牌之间的互动，进而提升用户对品牌的信任和认可度。比如，可口可乐的智能聊天机器人设定了聊天机器人每个步骤工作的方式，以保证工作流程的顺利。它的功能包括回复消费者发送信息，告知用户想要的信息前需要等待的时间，以及在错误出现的情况下，引导用户回到正确的步骤，从而帮助客户迅速解决他们的特殊问题。另外，聊天机器人的数据交互不仅能够分析消费者行为，还能为企业创造商业和技术机会。通过对用户交互进行分析，可以获得有益的商业洞察和改进产品和服务的机会。

另一方面，人工神经网络的应用对品牌选择和用户偏好的预测起着关键作用。它是类人脑创建的非线性统计模型，可以在对其进行编程和训练后用以识别数据模式[②]。通过将顾客的购买历史、浏览行为和反馈数据输入到人工神经网络中，可以建立一个准确的顾客模型，从而预测顾客对品牌的偏好和评价。这种方法避免了依赖虚假数据和主观判断的情况，提供了更可靠和准确的预测结果。这种个性化的预测模型有助于品牌了解顾客的需求，并为他们提供符合个性化要求的产品和服务。通过人工神经网络的支持，品牌可以为顾客创造个性化定制化的体验，增强品牌与消费者之间的互动和情感连接。

此外，算法推荐技术在电子商务中的应用也为个性化与定制化的体验提供了强大的支持。互联网上大数据的快速增长导致了数据爆炸[③]。通过算法推荐，电子品牌能够根据顾客的个人喜好和需求，为其提供个性化的产品。例如，哔哩哔哩作为一个面向年轻人的弹幕视频分享网站，利用算法推荐功能来分析用户行为和内容特征，通过个性化推荐、协同过滤、内容相似性和热门趋势等策略，精准推荐用户感兴趣的视频内容，提供个性化的观看体验。这种个性化的推荐不仅提高了顾客的浏览量和转化率，还提升了顾客对品牌的满意度和忠诚度。品牌通过运用算法推荐技术，为顾客打造了独特的购物体验，满足其个性化需求，进而增强品牌的竞争力和市场地位。

综上所述，在数智时代，聊天机器人、人工神经网络和算法推荐技术对个性化、定制化的品牌体验具有重要意义。聊天机器人通过独特而新颖的交互方式，改变了消费者与品牌之间的互动方式，提供个性化的解决方案和服务，从而提升用户对品牌的信任和认可度。人工神经网络通过分析顾客的购买历史和行为数据，建立顾客模型并预测顾客对品牌的偏好和评价，为品牌了解顾客需求提供准确的预测结果，帮助品牌提供个性化、定制化的体验。算法推荐技术根据顾客的个人喜好和需求，为其提供个性化的推荐，提高顾客的浏览量和转化率，增强顾客对品牌的满意度和忠诚度。这些技术的应用使得品牌能够更好地满足消费者的个性化需求，提供定制化的体验，增强品牌的竞争力和市场地位。数智时代下的个性化、定制化品牌体验为品牌和消费者之间建立更紧密的关系，创造更有价值的互动，实现了双方的共赢。

（2）跨平台品牌传播

跨平台品牌传播在数字创新的推动下，对品牌提升起着重要作用。数字创新通过广泛使用数字工具和技术，包括大数据、人工智能、移动平台、在线平台、数字交易平台、区块链、加密货币以及零售分析、数据

① SURI V K, ELIA M, VAN HILLEGERSBERG J. Software Bots-The Next Frontier for Shared Services and Functional Excellence [C] //International Workshop on Global Sourcing of Information Technology and Business Processes. Cham: Springer, 2017: 81-94.

② KAYA T, AKTAS E, TOPÇU I, et al. Modeling Toothpaste Brand Choice: An Empirical Comparison of Artificial Neural Networks and Multinomial Probit Model [J]. International Journal of Computational Intelligence Systems, 2010, 3（5）: 674-687.

③ DE PESSEMIER T, COURTOIS C, VANHECKE K, et al. A User-Centric Evaluation of Context-Aware Recommendations for a Mobile News Service [J]. Multimedia Tools and Applications, 2016, 75（6）: 3323-3351.

共享、伙伴关系、平台收购和合作等方面，为品牌的传播带来新的挑战和机遇[①]。

在数字创新的背景下，品牌可以制定营销策略，如制作在线广告等，并借助亚马逊、谷歌等跨平台传播渠道将品牌信息传递给消费者[②]。这些平台的算法推荐和定向广告能够有效地将品牌与目标受众进行匹配，提高品牌的曝光度和影响力。

未来该领域可能会针对服务业、软件业、新创企业等具体领域的数字化创新进行研究，从企业优化的角度来探索品牌和组织提升的方法。这将有助于发现更多数字创新对品牌传播的影响，为企业提供更加深入的洞察，并为其在跨平台环境中提升品牌价值和市场地位提供有效的策略和建议。

综上所述，跨平台品牌传播在数字创新的推动下成为品牌提升的关键因素。通过数字工具和技术的创新应用，品牌不仅能够在传统媒体，如电视、广播和印刷媒体传播。还能够在社交媒体、搜索引擎、移动应用和在线广告等多种平台上广泛传播，并借助算法推荐和定向广告实现与目标受众的精准连接。这种跨平台传播不仅扩大了品牌的曝光度和影响力，还为企业提供了更多的市场机会和竞争优势（图3-9）。

在数智时代，品牌通过数据驱动的战略和创新，以个性化定制化体验为核心，通过跨平台传播在多个在线平台上建立与目标受众的深度连接，从而塑造和传递独特的品牌形象、价值和认知。这种品牌不仅依赖于数据分析和智能技术，以洞察消费者行为和需求为基础，利用跨平台传播的机会，在多个在线平台上扩大品牌的曝光度和影响力，而且通过个性化定制化的产品和服务，为消费者提供独特而有意义的体验，以实现更大的市场覆盖率以及竞争优势。因此，在数智时代，品牌的定义已超越了传统的标识和宣传，更强调数据驱动、个性化定制和跨平台传播的创新策略和实践。

3.2.2　营销机制

3.2.2.1　数智驱动的营销演变

目前，美国营销协会（American Marketing Association，AMA）将营销定义为"创造、沟通、交付和交换对客户、合作伙伴和整个社会有价值的产品的活动、机构和流程"。然而，近年来，随着大数据的发展、计算能力的提升以及人工智能技术的进步，人工智能与市场营销的交叉研究受到了更多关注，从而改变

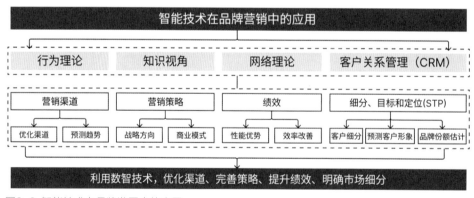

图3-9　智能技术在品牌发展中的应用

① KEENAN M, PLEKHANOV D, GALINDO-RUEDA F, et al. The Digitalisation of Science and Innovation Policy [M] // The Digitalisation of Science, Technology and Innovation: Key Developments and Policies. Paris: OECD Publishing, 2020: 165-182.
② RATCHFORD B T. The Impact of Digital Innovations on Marketing and Consumers [J]. Review of Marketing Research, 2019: 35-61.

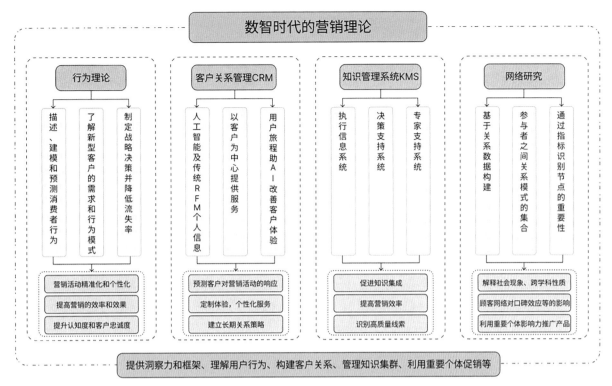

图3-10 数智时代的营销理论图示

了现代营销方式，为精准营销提供了技术助力，提高了现代营销效率，降低了营销成本[①]。

与传统营销相比，人工智能技术应用可以使营销效果更加精准和个性化。人工智能技术的进步还改变了营销的方式，可更有效地吸引消费者，并且营销人员可以利用海量的数据在AI技术的帮助下精准识别客户需求、定位潜在客户、满足客户需求，并在营销人员和消费者之间建立良好的关系[②]。

首先，行为理论在智能时代下的营销研究中发挥着重要作用（图3-10）。它能够描述、建模和预测消费者行为，帮助营销人员更好地了解新型客户的需求和行为模式[③]。通过分析复杂的数据和利用人工智能技术，行为理论能够识别消费者的洞察力和行为模式，从而帮助营销人员制定战略决策并降低流失率[④]。这样的应用使营销活动更加精准和个性化，并且能够提高市场营销的效率和效果，提升品牌认知度并促进客户忠诚度的建立。

另外，在智能时代，由于获取新客户的成本远高于维护现有客户，一种支持与特定客户建立有利可图的长期关系的系统，即客户关系管理系统（Customer Relationship Management，CRM）的重要性日益凸显[⑤]。CRM可利用人工智能来优化自身并提升营销效果，例如其借助人工智能的能力以及传统的RFM

① OVERGOOR G, CHICA M, RAND W, et al. Letting the Computers Take Over: Using AI to Solve Marketing Problems [J]. California Management Review, 2019, 61 (4): 156-185.

② YANG X, LI H, NI L, et al. Application of Artificial Intelligence in Precision Marketing [J]. Journal of Organizational and End User Computing (JOEUC), 2021, 33 (4): 209-219.

③ KLAUS P, ZAICHKOWSKY J. AI Voice Bots: a Services Marketing Research Agenda [J]. Journal of Services Marketing, 2020, 34 (3): 389-398.

④ CASABAYÓ M, AGELL N, AGUADO J C. Using AI Techniques in the Grocery Industry: Identifying the Customers Most Likely to Defect [J]. The International Review of Retail, Distribution and Consumer Research, 2004, 14 (3): 295-308.

⑤ LING R, YEN D C. Customer Relationship Management: An Analysis framework and implementation strategies [J]. Journal of Computer Information Systems, 2001 (3): 82-97.

（Recency，Frequency，Monetary）方法结合收集到的个人信息，能够准确预测客户对营销活动的响应[①]。通过充分利用收集到的数据和交互，还能够以客户为中心，提供个性化的服务。同时，用户旅程的概念对于人工智能改善客户体验至关重要[②]。面对客户行为的变化，AI驱动的营销系统也需要不断学习和适应新的环境和事件。

知识视角则是将知识看作一种独特的资源[③]。其中，知识集成在知识视角中备受关注，包括个人应用或分享特定知识以及将知识结果与其他形式的知识结合以创造新知识，这推动了知识管理系统（Knowledge Management System，KMS）的发展。在技术上，知识管理系统是执行信息系统、决策支持系统和专家支持系统[④]。从营销的角度来看，将KMS作为AI的一部分能够促进知识集成，并通过模仿人类思考和行动的方式不断学习和提高自身能力。通过预测模型可以提高营销效率，评估潜在客户的购买倾向并识别高质量线索[⑤]。另外，基于知识的技术如感知计算和自然语言处理也在营销中得到应用。综上所述，KMS和AI的结合在营销中可以自动化知识的创建、编码、转移和应用，帮助设计师更好地理解消费者的需求和行为[⑥]。

最后，在市场营销之中，网络研究能够解释各种社会现象并具有跨学科性质。网络是基于关系数据构建的，是一组参与者之间存在重新关联或相互作用模式的集合[⑦]。其核心原则之一是节点在网络中的位置决定了其所遇到的机会和约束，对结果产生重要的影响。在市场营销中，网络研究可以用于探索顾客网络对口碑效应、服务购买决策、客户资产以及产品和服务的传播的影响。一个引人关注的方面是识别影响者，也就是那些与他人关系密切且对他人具有重要影响力的个体。通过识别和了解这些影响者，品牌和营销人员可以利用他们的影响力来推广产品和服务。例如，研究者利用如Twitter这一类的社交媒体平台来评估用户的影响力[⑧]。另一个有趣的研究方向是"竞争影响力最大化"，即个人通过竞争来成为影响者。总而言之，网络在市场营销和人工智能中的应用凸显了人工智能应用程序在识别消费者选择和公司产品影响模式方面的不断增长作用。

在数智时代，营销演变成了数据驱动得更加精准和个性化的方式，人工智能的应用改变了现代营销的方式和效果。首先，行为理论帮助了解消费者的需求和行为模式，通过人工智能分析数据，实现个性化推荐和提升营销效果，提升品牌认知度以及客户的忠诚度。其次，客户关系管理系统结合人工智能，可以预测客户响应，提供个性化服务，建立良好的长期关系。第三，知识管理系统结合AI实现知识集成和学习，提高了解消费者需求以及营销效率。第四，网络研究通过分析节点和中心性识别影响者，促进了产品和服务的传播和推广。

3.2.2.2 数智时代的营销定义

近年来，随着人工智能技术的快速发展，其在营销渠道、营销策略、绩效和细分、目标和定位

① CUI G, WONG M L, WAN X. Cost-Sensitive Learning via Priority Sampling to Improve the Return on Marketing and CRM Investment [J]. Journal of Management Information Systems，2012，29（1）：341-374.
② D'ARCO M, PRESTI L L, MARINO V, et al. Embracing AI and Big Data in Customer Journey Mapping: From Literature Review to a Theoretical Framework [J]. Innovative Marketing，2019，15（4）：102-115.
③ KOGUT B, ZANDER U. Knowledge of the Firm, Combinative Capabilities, and the Replication of Technology [J]. Organization Science，1997，3（3）：383-397.
④ NEVO D, CHAN Y E. A Delphi Study of Knowledge Management Systems: Scope and Requirements [J]. Information & Management，2007，44（6）：583-597.
⑤ JÄRVINEN J, TAIMINEN H. Harnessing Marketing Automation for B2B Content Marketing [J]. Industrial Marketing Management，2016，54：164-175.
⑥ KUMAR V, RAJAN B, VENKATESAN R, et al. Understanding the Role of Artificial Intelligence in Personalized Engagement Marketing [J]. California Management Review，2019，61（4）：135-155.
⑦ OLIVEIRA M, GAMA J. An Overview of Social Network Analysis [J]. Wiley Interdisciplinary Reviews: Data Mining and Knowledge Discovery，2012，2（2）：99-115.
⑧ RIQUELME F, GONZÁLEZ-CANTERGIANI P. Measuring User Influence on Twitter: A Survey [J]. Information Processing & Management，2016，52（5）：949-975.

（Segmenting，Targeting，Positioning，STP）等领域的应用正逐渐引起广泛关注。在营销渠道方面，人工智能技术为销售人员提供了强大的工具和洞察力，能够帮助他们准确识别消费者的偏好和行为模式，实现精准的客户细分和个性化定位，进而优化营销渠道，提高销售业绩。在营销策略方面，智能系统的应用改变了企业的思维方式，通过大规模数据的收集、处理和分析，营销人员可以更好地了解市场潜力、客户需求和竞争环境，从而制定更精准的营销策略，提高商业决策的质量。在绩效方面，人工智能技术的优势在于其非线性关系的预测能力和数据驱动的决策支持系统，能够为企业提供准确可靠和高效的预测结果，帮助企业改进营销和销售策略，从而实现可持续的竞争优势和提高绩效水平。同时，在STP领域，人工智能技术的应用可以实现客户细分和预测能力的精确度提升，为企业提供智能化的支持。人工智能在营销领域的应用具有巨大的潜力，将为企业带来更精准、高效和智能化的营销决策和运营。

（1）营销渠道

营销渠道是连接消费者和生产者、促成交易的重要链接。人工智能技术将对营销渠道领域有很大提升[①]。

人工智能的能力在语言处理、图像识别和数据访问等方面提供了无成本的技术支持。因此销售人员可以利用人工智能如机器学习和深度学习等技术分析大量数据，去准确识别消费者的偏好和行为模式，进而更好地了解客户和预测消费者的选择[②]。这种洞察力基于数据的优势使得营销活动更加精准和具有针对性。而人工智能技术还能够自动处理其中大量的销售数据，以此为基础可以分析市场趋势，并提供实时的销售预测和库存管理。通过这些智能化的技术支持，营销人员可以更好地优化营销渠道，确保产品及时交付和客户满意度。

（2）营销策略

在数智时代，人工智能技术推动营销策略发生重要变革。智能系统改变了企业的思维方式。比如促使它们重新思考了大规模生产和个性化定制化的优势，将大市场与利基市场的优势结合起来[③]。

AI技术的不断进化影响着营销策略的未来，解决了战略方向与市场潜力一致性等难题[④]。首先，智能技术能够收集、处理和分析大规模的数据，包括市场趋势、消费者行为、竞争情报等。通过对这些数据的深入分析，营销人员可以构建市场预测模型，以便更好地了解市场潜力、客户需求和竞争环境。以此来帮助企业制定营销策略，提供更加符合用户需求和个性的产品和服务。另外，智能技术可以实时监测市场和消费者反馈，并及时调整营销策略。通过智能系统的反馈和分析，营销人员可以快速了解市场变化和消费者需求的变化，以及评估战略方向的有效性，并及时作出相应调整。研究结果显示，基于AI的营销解决方案改进了商业决策模式，其中包括新产品开发、定价、销售管理、广告和个性化推荐等策略升级。在服务行业中，可以将人工智能大致区分为机械型、分析型和直觉型AI[⑤]。可根据不同类型的服务任务，选择适合的AI类型，以追求成本领先优势、质量领先优势或关系优势。

改变营销策略时，还必须考虑商业模式、销售流程、客户服务选项和营销信息系统的调整，同时关注道德和数据保护的问题。确保与通用数据保护规则和客户的批准保持一致，提醒从业人员遵守道德守则和保护

① BOCK D E, WOLTER J S, FERRELL O C. Artificial Intelligence: Disrupting What We Know About Services [J]. Journal of Services Marketing, 2020, 34（3）: 317-334.

② GARDÉ V. Digital Audience Management: Building and Managing a Robust Data Management Platform for Multichannel Targeting and Personalization Throughout the Customer journey [J]. Applied Marketing Analytics, 2018, 4（2）: 126-135.

③ VLAČIĆ B, CORBO L, COSTA E SILVA S, et al. The Evolving Role of Artificial Intelligence in Marketing: a Review and Research Agenda [J]. Journal of Business Research, 2021, 128: 187-203.

④ GRIFFITH D A, KIESSLING T, DABIC M. Aligning Strategic Orientation with Local Market Conditions: Implications for Subsidiary Knowledge Management [J]. International Marketing Review, 2012, 29（4）: 379-402.

⑤ HUANG M H, RUST R T. Artificial Intelligence in Service [J]. Journal of Service Research, 2018, 21（2）: 155-172.

数据，以减少消费者对AI的怀疑和对专门化的担忧。

（3）绩效

人工智能主要从两个方面辅助营销绩效。第一个方面是人工智能工具和技术在性能上相对于传统工具和方法具有优势。这对于解决高精度和高成本之间的权衡问题非常有价值。人工智能的发展被认为是其预测能力的先决条件，因为它能够适应复杂的非线性关系[①]。研究结果表明，相比于传统假设数据之间的线性关系，人工智能技术能够提供更准确和可靠的预测结果，为营销决策提供有力的支持。第二个方面是探讨人工智能在效率、销售预见性、销售业绩等方面对绩效有重大贡献。通过将大数据转化为信息和知识，公司可以从人工智能中获益，开发出更有效的营销和销售策略，从而实现可持续的竞争优势[②]。通过决策支持系统，营销人员可以充分利用数据库来提高营销方案的效率，乃至估算客户的价值[③]。比如在保险和酒店行业，人工智能提高了对客户的交叉销售，使收入提升了60%。通过使用人工智能驱动的营销工具，公司可以预测客户需求，改善销售漏斗[④]。人工智能可以通过开发精确的工具来实现对未来趋势的计算和预测[⑤]。

人工智能驱动的营销工具能够方便地获取信息、帮助比较、加速结账，并最终提高整体营销绩效[⑥]。

（4）细分、目标和定位（STP）

STP的研究主要关注人口统计、心理学、地域因素和行为分割等领域，这些领域是人工智能可提供帮助的领域[⑦]。市场营销学者则比较关注处理客户偏好和聚类，以及如何实现销售效率方面的成功[⑧]。AI技术能够分析大规模和复杂的数据，从中提取有价值的信息，帮助企业将客户进行更精细化的细分。通过机器学习、数据挖掘、神经网络算法，AI可以识别出消费者的行为模式、购买偏好、历史数据、行为轨迹、交互信息、兴趣爱好和需求等关键特征，以便将消费者划分为具有相似特征和需求的群体。这样，企业可以更好地了解不同细分市场的特点，并识别出最有可能对企业产品或服务感兴趣的消费者群体。同时，企业可以进一步集中资源和精力来开发和满足这些目标市场的需求，有针对性地开展营销活动。神经网络是受到广泛研究的一种人工智能计算模型，在市场细分中可以更准确地对客户进行分类，在品牌份额估计方面优于传统方法。神经网络在移动通信行业中预测客户流失和分析市场增长等方面也有广泛应用。这些研究为企业的STP决策提供了智能化的支持[⑨]。例如，HubSpot是一款利用机器学习算法的力量来识别复杂数据集中的模式、相关性和趋势的工具。它可以通过分析各种历史数据、客户交互动作以及其他的相关变量，识别出不同的客户群体，并将其细分为具有共同特征和需求的详细客户角色；还可以针对特定细分市场制定有针对性的营销活动。

① SYAM N, SHARMA A. Waiting for a Sales Renaissance in the Fourth Industrial Revolution: Machine Learning and Artificial Intelligence in Sales Research and Practice [J]. Industrial Marketing Management, 2018, 69: 135-146.
② PASCHEN J, WILSON M, FERREIRA J J. Collaborative Intelligence: How Human and Artificial Intelligence Create Value Along the B2B Sales Funnel [J]. Business Horizons, 2020, 63 (3): 403-414.
③ CHAN S L, IP W H. A Dynamic Decision Support System to Predict the Value of Customer for New Product Development [J]. Decision Support Systems, 2011, 52 (1): 178-188.
④ SYAM N, SHARMA A. Waiting for a Sales Renaissance in the Fourth Industrial Revolution: Machine Learning and Artificial Intelligence in Sales Research and Practice [J]. Industrial Marketing Management, 2018, 69: 135-146.
⑤ HADAVANDI E, GHANBARI A, SHAHANAGHI K, et al. Tourist Arrival Forecasting by Evolutionary Fuzzy Systems [J]. Tourism Management, 2011, 32 (5): 1196-1203.
⑥ MARTÍNEZ-LÓPEZ F J, CASILLAS J. Artificial Intelligence-Based Systems Applied in Industrial Marketing: An Historical Overview, Current and Future Insights [J]. Industrial Marketing Management, 2013, 42 (4): 489-495.
⑦ BELANCHE D, CASALÓ L V, FLAVIÁN C. Artificial Intelligence in FinTech: Understanding Robo-Advisors Adoption Among Customers [J]. Industrial Management & Data Systems, 2019, 119 (7): 1411-1430.
⑧ PITT C, MULVEY M, KIETZMANN J. Quantitative Insights from Online Qualitative Data: An Example From the Health Care Sector [J]. Psychology & Marketing, 2018, 35 (12): 1010-1017.
⑨ HA K, CHO S, MACLACHLAN D. Response Models Based on Bagging Neural Networks [J]. Journal of Interactive Marketing, 2005, 19 (1): 17-30.

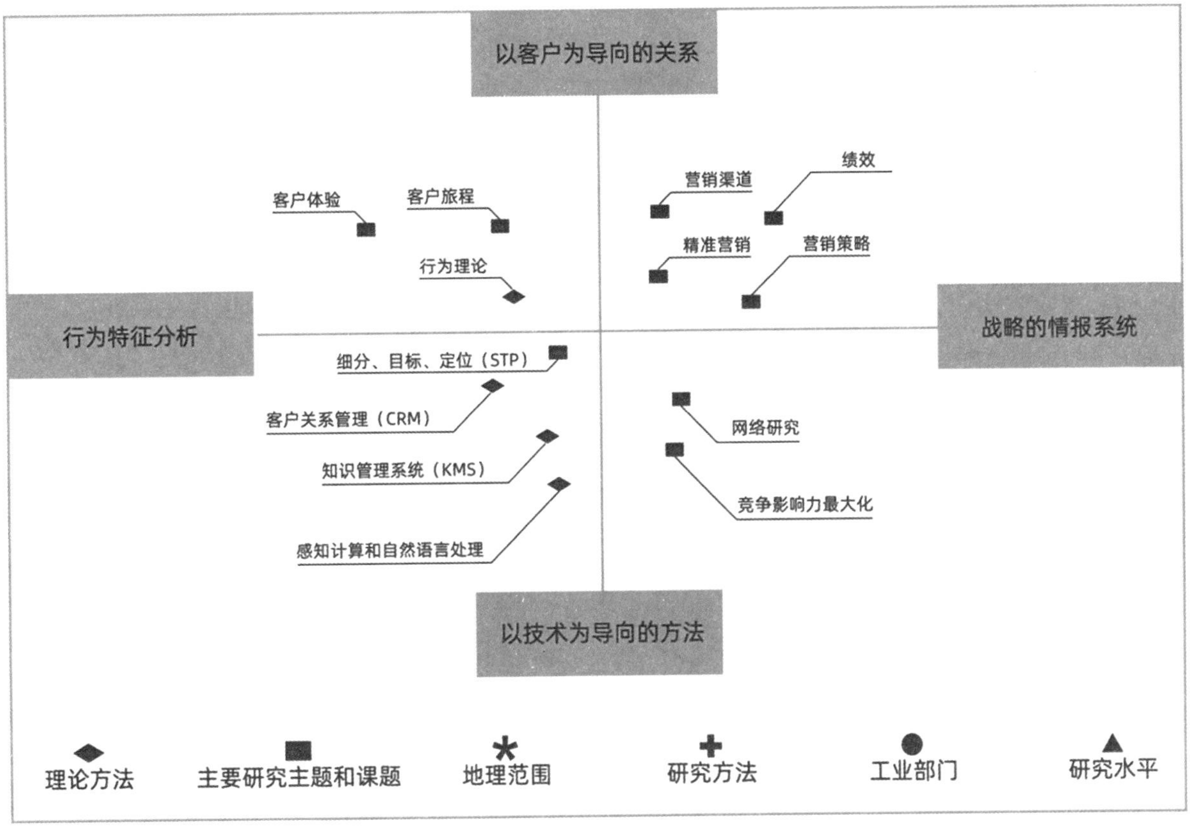

图3-11 人工智能下的市场营销研究领域地图

数智时代下的营销，需要从业人员利用数据挖掘和分析、人工智能、社交媒体分析等手段，并基于多种用于解释现象的理论来制定和实施策略。营销研究的最终目的是使研究者和企业能够更准确地理解消费者行为和需求，以实现销售渠道优化、完善营销策略、提升营销绩效并精确市场细分（图3-11）。

思政训练项目

《老子》记载："人法地，地法天，天法道，道法自然。"这体现了古人由天到地再到人的认识过程，这是一种以大观小、从整体到局部的系统认识方式。设计师需要思考产品与社会生态系统、自然生态系统、思想文化系统、设计领域以及产品内部系统的关系，这些关系的研究都离不开系统性设计思维。

设计活动是把设计放在特定系统中综合多方面因素共同考量的结果，强调整体与局部、局部与局部的关系，设计师要从根本上掌握系统性的设计思维方式。请结合以上内容，查找资料并分析中国品牌比亚迪汽车在产品定义与设计过程中是如何关注与把控用户、场景、品牌、市场之间的关系。

4

一

数智赋能交互
设计流程

4.1 软件交互设计方法

4.1.1 数智化软件设计流程

软件设计流程的数智化是指将数据科学、人工智能和机器学习等数智技术融入软件设计的过程中，以提高软件的智能化水平、效率和用户体验。该过程的意义在于提升决策的准确性和科学性，实现个性化和定制化的需求，提高用户体验和用户参与度，增强软件的智能化和自适应性，促进持续改进和创新。将数智技术与软件设计相结合，可以使软件更智能、更高效、更具竞争力，满足不断变化的用户需求和市场环境。

4.1.1.1 需求分析阶段

需求分析是指运用相应技术和方法来观察和分析用户的行为、偏好和意图，从而洞察用户的真实需求。随着数智技术的快速发展，设计师能够对大量用户数据进行全方位、细粒度的分析和总结，从而保证产品最大限度地满足用户的需求。同时，在需求分析阶段，数智化软件设计更加关注数据需求、智能化功能、数据隐私和伦理，以及用户参与和反馈的深度。通过充分理解用户的数据需求、工具智能化期望和伦理道德观念，数智化软件设计不仅可以更好地满足用户的需求，还能推动软件系统的智能化发展。

传统软件设计在需求分析阶段主要关注用户的功能需求和使用流程，以明确软件系统的功能和性能要求；而在数智化软件设计中，除了明确基本的功能需求之外，还需要考虑对需求数据的采集、处理和分析，以及利用数智化技术增强软件的智能水平。因此，数智化软件设计在需求分析阶段需要更广泛、更深入地理解用户的数据需求以及对软件工具的智能化要求。在传统软件设计中，对数据的考量主要集中在需要处理和存储的数据上，通常关注的是数据的格式、大小、结构和访问方式等方面；而在数智化软件设计中，需要考虑数据的来源、质量、实时性等特征，以及数据的处理、分析和挖掘方法。数智化软件设计涉及大量的数据采集、处理和分析，因此需要更加关注数据隐私和伦理方面的问题，具体包括但不限于数据使用的合理性、公平性和可解释性等。此外，还需要明确用户对数据隐私的关注点和保护需求，确保数据合规性和安全性。

4.1.1.2 创意激发阶段

创意激发是发掘潜在创意的设计过程[①]。创意激发可以为软件的形式和功能设计提供早期创意、基本素材

① HARTSON R，PYLA P. The Ux Book：Process and Guidelines for Ensuring a Quality User Experience［M］. San Francisco：Morgan Kaufmann Pub，2012：251-291.

和概念来源①。传统的创意激发阶段往往受到设计师的原有知识体系、设计经验和刻板印象的桎梏。而尽量给设计师提供足够丰富的设计刺激，能为最终设计创意或概念提供触发器或跳板，有效推动设计创新的产生。

数智化技术应用于创意激发阶段主要体现在两个方面：设计刺激检索和生成新设计刺激。前者主要以数据驱动的方法为基础，利用不同的检索算法对现有设计信息知识库进行挖掘，并通过收集、分类、筛选、类比、组合等手段获得匹配度高且具有启发性的刺激材料；后者则是借助相关技术生成新的激发材料，对设计者进行启发（图4-1）。

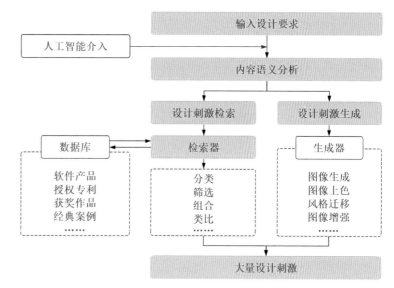

图4-1　数智化技术赋能创意激发阶段

在创意激发阶段，数智化软件设计强调数据驱动的创意激发来源和生成方式、算法辅助的创意评估和筛选，以及多模态创意激发的多样性等。通过充分利用数据和技术的力量，数智化软件设计可以更加深入地挖掘创意的潜力，提供更丰富、更创新的设计解决方案。同时，实时反馈和迭代的循环也为设计的不断优化和创新提供了支持。这些方案促使设计师摒弃传统软件设计创作的固有范式，拥有更多畅想空间，为未来更富创意的软件开发和创作提供了无限可能。

首先，在创意来源和激发方式方面，传统软件设计的创意来源通常是基于设计师的经验、想象力和创造力，依赖于头脑风暴、设计会议和灵感的触发，以及对市场需求和趋势的主观预测；而在数智化软件设计中，创意激发更多地依赖于数据的挖掘和分析，具有更加客观、全面的特点。通过对大数据的探索、规律发现和趋势分析，可以发现新的问题和机会点，并激发创新的思路和方向。

其次，数智化软件设计通过整合多种数据来源和感知模态，实现了多模态的创意激发。除了传统的文字和图形信息，还可以利用视频、音频、虚拟现实等多种形式的数据和交互方式来激发创意，从而为设计师提供更丰富、更多样化的创意激发路径，促进创意的多样性和创新性。

再次，在数智化软件设计中，算法可以辅助创意的评估和筛选。通过使用机器学习和数据分析技术，可以对创意进行量化评估，例如评估创意的可行性、用户偏好和商业潜力等。这有助于设计师更有针对性地选择和优化创意，提高创意的质量和成功的可能性。

最后，数智化软件设计强调实时反馈和迭代的重要性。通过收集用户数据和行为反馈，设计师可以及时了解用户对设计的反应和需求，进一步调整和优化创意。这种实时反馈和迭代的循环可以促进设计的演进和创新，使设计更加符合用户期望和市场需求。

4.1.1.3　原型设计阶段

软件原型是对一个软件的可视化呈现，能够部分或全部地反映产品的最终特征，具体地传达一个软件的信息架构、内容、功能和交互方式等。从低保真到高保真，原型设计是一个需要经过多次迭代的制作过程，一般可以包括草图阶段、线框图阶段、界面原型阶段、功能原型阶段、实物原型阶段等。

---

① 周子洪，周志斌，张于扬，等. 人工智能赋能数字创意设计：进展与趋势［J］. 计算机集成制造系统，2020，26（10）：2603-2614.

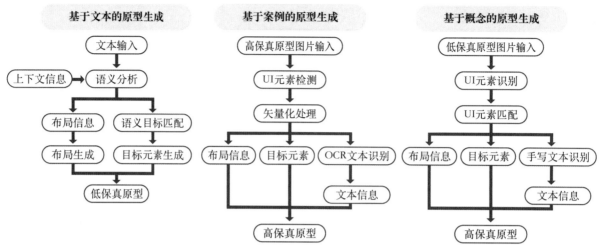

图4-2 三种原型设计系统框架

数智技术在数字创意设计中的一个典型应用是生成视觉用户界面（UI）的原型[①]。目前的研究主要集中在如何利用人工智能代替设计师完成一些创造性程度低、重复性高的设计任务，并生成具有不同保真度的原型。这方面的研究可以分为几个方向：基于文本的原型生成、基于案例的原型生成、基于概念的原型生成（图4-2）。这些研究为数字创意设计提供了更高效、更灵活的工具和框架。

数智技术可以根据设计师提供的文字说明自动生成相应的草图原型，在原型设计阶段能够有效减轻设计师的工作量。例如，软件Figma在2020年6月推出了基于ChatGPT-3的界面原型快速生成功能。用户只需输入描述某个UI界面的文本，Figma就能快速生成对应的可编辑界面雏形等。

设计案例[②]也能有效支持设计师的创意过程。基于UI设计案例，软件能自动生成与之相对应的UI元素及其布局信息，可以在不重复构建界面的情况下，支持设计师快速尝试不同的布局方式，如Pandian等人提出的工具Blu等。此类研究与UI逆向工程联系紧密，相关的最新应用研究还包括Rewire、Pix2Code等。

此外，设计师在制作低保真到高保真的原型时通常需要耗费大量时间和精力，人工智能的出现简化了这一过程并提高了效率。通过自动生成更高保真度的原型，可以有效支持设计师快速探索各种设计方案。这一过程涉及概念设计转换、元素映射与样式匹配等行为。在概念设计转换中，人工智能可以通过识别用户提供的概念，包括文字描述、手绘草图等形式，将其转换为数字化低保真原型，接着在元素映射与样式匹配中，人工智能可以通过匹配预定义的设计元素库或模板，将其映射到相应的高保真原型元素上。这包括基于定位算法、排列算法的自动布局，以及选用适当的颜色、字体和图像样式。其中，自动布局具体包括元素的相对位置、大小、边距、排列顺序等，这个过程中涉及计算机视觉技术、图像处理技术、机器学习和自动化算法的技术。

在原型设计阶段，数智化软件设计更注重模拟动态交互和智能化功能的模拟，以及考虑用户反馈和智能调整机制的设计。通过使用交互式原型工具、模拟数据的动态展示和交互模拟，数智化软件设计的原型设计能够更好地模拟和展示智能化功能的效果，提供更全面、更真实的用户体验。

首先，和传统软件原型设计仅关注界面的外观和布局不同，由于涉及数据驱动和智能化功能，数智化软

① ASHRI R. The AI-Powered Workplace：How Artificial Intelligence，Data，and Messaging Platforms are Defining the Future of Work［M］. New York：Apress，2020：83-92.
② HERRING S R，CHANG C C，KRANTZLER J，et al. Getting Inspired！：Understanding How and Why Examples are Used in Creative Design Practice［C］//Proceedings of the 27th International Conference on Human Factors in Computing Systems. New York：Association for Computing Machinery，2009：87-96.

件原型设计需要更多关注动态和交互式的展示，更倾向于使用交互式原型工具，以模拟真实的用户交互和智能功能，从而根据用户反馈进行智能调整。其次，数智化软件设计的原型需要模拟和演示智能化功能的实际效果。例如，通过引入机器学习和数据分析的算法模型，原型能够展示智能决策、个性化推荐或情感识别等功能的工作原理和结果。通过实现人机的真实交互，设计师可以收集用户意见和需求反馈，并将其反哺到原型设计中。此外，通过引入智能调整和优化算法，原型可以实现自动的智能化调整，以提供更优质、个性化的用户体验。最后，可视化和实验数据的展示是关键。通过数据可视化技术，原型可以将复杂的数据和智能化功能转化为易于理解和分析的可视化结果，使用户更容易理解和接受。同时，实验数据的展示也可以通过原型来模拟和演示，以评估软件智能化功能的性能和效果。

此外，随着VR、AR等技术的发展，在数字创意领域，虚拟原型设计已成为一个新的探索方向。设计师可以在3D虚拟环境下，借助Microsoft HoloLens等VR或AR头显设备进行协同设计，从而快速迭代产品原型。

4.1.1.4　设计评价阶段

设计评价的目的在于衡量设计结果的优劣。除了对软件易用性等常规指标进行评价外，数智化软件设计更关注数据驱动的评估、智能化功能的评估和用户体验的评估。通过引入数据分析、用户测试和智能算法评估等方式，数智化软件设计评估可以更准确、系统地定义软件的性能和效果，为软件的优化和改进提供决策依据。同时，对数智化软件设计的评估也需要考量数据隐私和伦理维度，以保护用户的隐私权益和数据安全。此外，在对数智化软件设计进行评估时，需要支持实时数据分析和用户反馈的收集，以推动软件的迭代优化和智能化功能的不断改进。

首先，在评估指标和方法方面，数智化软件设计不仅需要关注易用性、功能完备性等传统软件设计的评估指标外，还需要考虑数据的质量、软件智能功能的效用等方面。除了用户测试与专家评价等传统方法外，在评估方法上也会引入数据分析、算法评估等技术，以验证智能化功能的有效性和智能决策的准确性。

其次，数智化软件设计的评估需要更多关注数据驱动的方法和技术。通过对大数据的分析和模式识别，可以对软件的数据需求、数据处理和数据分析等方面进行评估。此外，数智化软件设计还需要对智能化功能的性能和效果进行评估，以验证智能算法和模型的准确性和有效性。

再次，在数智化软件设计中，软件智能功能和用户体验的评估成为重点。除了传统软件设计中的用户体验评估，数智化软件设计还需要评估软件智能功能对用户的帮助和决策支持。评估方法包括用户调查、用户测试和数据分析等，以了解用户对智能化功能的满意度、效果和效用。此外，审美评价也朝着数智化方向发展。对于视觉艺术的计算美学（图4-3），主要是研究如何让计算机模拟人类思维来进行视

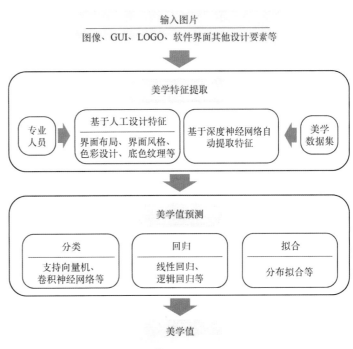

图4-3　计算美学系统参考框架[1]

051

---

① 周子洪，周志斌，张于扬，等．人工智能赋能数字创意设计：进展与趋势［J］．计算机集成制造系统，2020，26（10）：2603-2614.

觉表达的美学评估，即对图像、图形用户界面等不同类型视觉内容的美感程度进行自动计算。如Webthetics作为一款典型的应用工具，采用迁移学习的方法，首先通过对图像风格识别任务进行预训练，得到一个良好的评测模型，然后将该模型迁移到网页美学评测任务上，实现了对网页美感的自动评测。

最后，数智化软件设计的评估需要更加关注数据隐私和伦理方面的问题。在评估过程中，需要确保数据的隐私和安全，并遵循相关的伦理和法规要求。同时，在评估方法的选择上也需要考虑数据的合规性、匿名化和保护措施等方面，以保护用户的隐私权益。

4.1.1.5　数智赋能的设计流程优势

相较于传统软件设计，数智化软件设计在流程上具有明显的优势（表4-1）。它拥有数据驱动决策、智能化和自适应性、迭代和持续改进、个性化和定制化、自动化和自学习等特点[1]。它使软件设计更加科学、灵活，更符合用户需求，从而提供更好的用户体验和价值（图4-4）。

表4-1　传统软件和数智化软件设计流程差异的比较

设计流程	传统软件设计	数智化软件设计
需求分析阶段	访谈获得需求、搜索相似案例、参考设计师经验	大数据挖掘需求、高效分析需求、用户参与、数据隐私保护等
创意激发阶段	头脑风暴、梳理问题、提出解决方案	数据驱动创意激发来源和生成、多模态创意激发、算法辅助的创意评估和筛选、获得用户反馈并优化创意
原型设计阶段	制作原型、展示设计结论	模拟数据的动态展示、用户反馈和智能调整
设计评价阶段	小规模测试、收集相关利益者的意见、迭代与优化设计方案	数据分析、用户测试和智能算法评估、保护数据安全、自动化迭代和持续改进

第一，智能化软件设计可以利用大量的数据进行预测，并根据这些信息做出智能化的决策。在传统的软件设计中，推荐系统可能会根据一些固定的规则和逻辑来生成推荐结果。例如，根据用户的年龄、性别和地理位置等信息，选择相应的推荐内容。这种方法显然缺乏个性化和灵活性，无法适应用户的不同偏好和变化。而在数据驱动软件设计中，推荐系统会收集大量的用户行为数据，如点击记录、购买历史、评分和评论等。通过分析这些数据，推荐系统可以识别出用户的兴趣和偏好，并根据这些信息生成个性化的推荐结果。数据驱动的推荐系统通常采用机器学习算法来分析和学习用户行为模式，这些算法主要基于协同过滤、内容过滤和深度学习等技术。

第二，数智化软件设计通过应用人工智能和机器学习等技术，使软件具备智能化和自适应的能力。它可以根据用户的行为、反馈和环境的变化进行智能化的决策和优化，提供个性化的服务和体验。相比传统软件设计的静态流程，数智化软件设计具有更高的灵活性和智能性，能够更好地满足用户需求。比如智能推荐系统的设计流程就体现了智能化和自适应性的特征。智能推荐系统是一种利用人工智能和机器学习技术来分析用户行为和个人喜好，从而提供个性化推荐的软件系统。它通过数据收集和分析、模型训练和优化、实时推荐和个性化，以及自适应调整和反馈共四个步骤，能够从用户行为和上下文中提取智能化的信息，并根据用户需求和环境变化进行自适应的优化。这使得智能推荐系统能够提供更准确、个性化和实时的推荐服务，满足用户的需求并提升用户体验。

第三，数智化软件设计强调持续迭代和改进。它通过收集用户反馈、分析数据和评估结果，不断优化

---

① KIBRIA M G，NGUYEN K，VILLARDI G P，et al. Big Data Analytics，Machine Learning，and Artificial Intelligence in Next-Generation Wireless Networks［J］. IEEE Access，2018，6：32328-32338.

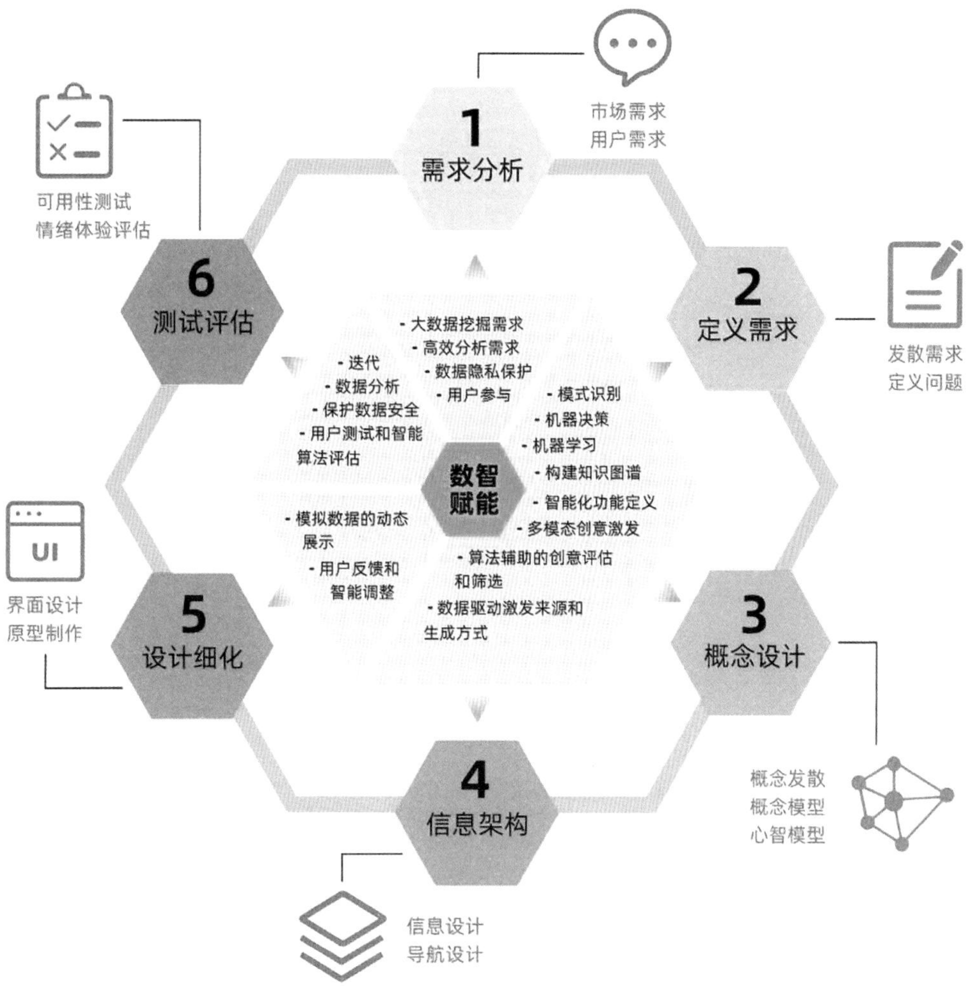

图4-4 数智赋能软件设计流程

和改进软件性能和功能。相比传统软件设计的一次性开发和发布，数智化软件设计具有更强的响应能力和适应性，可以持续提供更好的用户体验和价值。一个典型的例子是自然语言处理（Natural Language Processing，NLP）模型的设计与训练。自然语言处理是一项涉及文本和语言的人工智能技术，旨在使计算机能够理解、分析和生成自然语言。

第四，数智化软件设计注重个性化和定制化的服务。通过分析用户的行为和偏好，软件能够提供个性化的功能和体验。相比传统软件设计的通用化和标准化，数智化软件设计能够更好地满足不同用户的特定需求和偏好，提供定制化的解决方案。智能软件设计流程中个性化和定制化的几个关键步骤有：用户画像构建，数据分析和挖掘，推荐模型设计和训练，推荐结果生成和排序，反馈和改进。

第五，自动化和自学习能力使得智能软件设计流程具有重要优势。它们有助于提高软件的使用效率、性能、可靠性和智能化程度，它不仅增强了软件的智能化和自适应性，实现了持续改进和优化，同时减少了人工工作量和人为错误，并能提供更加个性化和定制化的服务。通过应用自动化和自学习技术，软件可以更好地适应和满足用户需求，提供更智能、高效和可靠的功能和服务。一个典型的例子是智能语音助手的设计和开发，如Siri、Alexa或Google Assistant。智能语音助手是一种利用自然语言处理和机器学习技术，能够理解和响应用户语音指令的软件系统。它的设计流程从自动语音识别开始，这一步骤涉及对语音信号的分析和处理，使用机器学习算法和模型来训练识别语音的模型。自动语音识别技术可以将用户的语音指令转换为文本表示，使得计算机能够理解用户的意图和需求。在自动语音识别之后，智能语音助手会使用自然语言理解技术，将用户的文本指令转化为机器可理解的形式。这一步骤包括分析和解析用户的指令，提取关键信息和意图，并生成相应的语义表示；通常利用机器学习和自然语言处理技术，如词嵌入、命名实体识别等。此外，智能语音助手需要具备对话管理和推理的能力，以理解和处理多轮对话。通过对话管理技术，助手能够跟踪对话的上下文，记住用户的先前指令，并生成连贯的回应。这需要使用规则、状态机或强化学习等方法来设计和训练对话管理模型。同时，智能语音助手具备自学习和持续改进的能力。通过收集用户的语音指令和反馈数据，助手可以不断改进自身的性能和理解能力。这包括使用用户数据进行模型训练和优化，以及利用机器学习算法和技术来自动学习和调整模型参数，提高助手的准确性和智能化程度。智能语音助手的设计流程还包括自动化部署和维护阶段。这意味着软件可以自动进行模型更新、系统升级和错误修复等任务，减少人工干预的需要。自动化部署和维护确保助手的持续运行和性能优化。

综上所述，数智化软件设计流程相对于传统软件设计流程具有诸多优势。从数据驱动决策、持续迭代和改进、智能化和自适应性，到个性化和定制化等，数智化软件设计流程在提高效率、提供智能化和个性化服务以及提升用户体验等方面具有显著的优势。这些优势使得数智化软件能够更好地满足用户需求、提供优质的功能和服务，并在竞争激烈的市场中脱颖而出。

4.1.2　数智化软件设计辅助工具筛选

如今，众多数智化设计工具已推动软件设计向数智化转型迈进。这些工具集成了人工智能、机器学习、大数据分析和云计算等前沿技术，使开发人员能够高效地创建和优化软件系统。智能软件设计工具通过处理大量数据并提取有价值的信息，帮助设计师基于数据驱动做出决策。此外，这些工具还简化了烦琐的设计任务，如素材收集、原型制作、代码生成和系统集成，从而提高设计效率和质量。

除此之外，这些工具还支持协作和团队合作，让设计师能够轻松地共享和协调设计文档、代码和资源，促进团队之间的合作与沟通。通过这种方式，团队成员可以更加高效地合作，共同完成软件设计的各个方面。这不仅有助于提高设计质量，还能够加快软件开发周期，使团队能够更快地交付高质量的成果。

在软件设计的不同阶段，可以利用不同的数智化辅助工具来提高效率和质量。

4.1.2.1　AI工具汇总平台

（1）AI Hub

AI Hub是由英特尔主办的AI资源中心（图4-5）。它提供了AI算法、数据集、框架和工具等各种资源。作为支持多种语言和针对英特尔硬件优化的工具和集合，其目标是帮助AI开发者更快地掌握和应用AI技术。AI Hub是一个真正的开放平台，欢迎AI社区的开发者和研究人员共同贡献资源。

（2）AI-Lib

AI-Lib是国内AI开发和研究的开源库（图4-6），它作为一个用于探索人工智能的工具聚合站，旨在为开发人员提供一套丰富的工具和算法，以简化AI模型的开发和部署过程，并促进人工智能领域的创新和发展。它提供了各种常用的机器学习和深度学习的算法实现，包括常见的神经网络、决策树、支持向量机、聚类等。这些算法可用于处理各种任务，如图像分类、目标检测、自然语言处理和推荐系统等。同时，AI-Lib还提供了一些辅助工具和功能，用于数据预处理、特征工程、模型评估和可视化等。这些工具有助于开发人员更方便地处理和分析数据，优化模型性能，并进行模型的解释和可视化。AI-Lib库的开源性质还鼓励了开发者之间的合作和知识共享，促进了人工智能领域的交流和发展。

4.1.2.2　全流程适用工具

（1）Chat GPT

Chat GPT（Generative Pre-trained Transformer）是应用open AI开发的预训练语言模型的一款软

图4-5 AI Hub官网首页

图4-6 AI-Lib官网首页

件，其核心算法是基于自注意力机制的Transformer架构，这种深度神经网络结构具备出色的序列建模和表示学习能力（图4-7）。通过预训练和微调，Chat GPT模型能够理解和生成自然语言文本，并在多个应用场景中发挥重要作用，如语音识别、智能客服、自动问答和机器翻译等。

在实际应用中，Chat GPT模型通过编码、解码和生成的方式实现对自然语言的理解和生成。例如，在聊

图4-7 Chat GPT界面

天机器人中，依据用户的输入内容，Chat GPT模型可以生成自然语言回复；在机器翻译中，Chat GPT模型可以实现跨语言翻译文本；在智能客服中，Chat GPT模型可以自动回答用户的问题和满足用户需求。

在软件设计师的日常设计工作中，常常会面临一系列挑战。例如，寻找灵感可能耗时且费力，设计方案难以突破既有的限制，而研究过程则需要大量耐心和详尽的分析。然而，令人欣慰的是，Chat GPT凭借其出色的上下文理解能力以及创造性的输出，在帮助设计师应对这些挑战方面发挥着重要的作用，有效提升了设计效率。总结而言，设计师可以充分发挥Chat GPT的潜力，获得全流程的支持和赋能。

高效检索：在设计过程中对设计方法、设计流程、设计资源以及相关文章和网站的不明确需求，可以借助Chat GPT高效地完成检索工作。

研究分析：Chat GPT可用于市场、竞品和用户侧的分析，帮助设计师撰写用研提纲，分析并获取更准确、实用的用户反馈，以指导设计决策和改进设计方案。

灵感生成：设计师可以与Chat GPT对话，询问关于设计主题、风格或元素的问题，获得创意灵感和新的设计思路。Chat GPT提供的多样观点、建议和想法，有助于设计师拓宽思维，创造出独特的设计方案。

方案设计：当设计师面临难以解决的设计问题时，可以向Chat GPT提出具体问题，通过对话获得解决方案和专业建议。Chat GPT提供背景知识、技术指导和设计思路，助力设计师找到最佳解决方案。

文案生成：设计师可利用Chat GPT生成设计文件中的文案内容，如广告标语、产品描述、品牌短故事等。Chat GPT为设计师的语言表达提供灵感和优化建议，创作出与设计风格相匹配的文字内容。

设计师可与Chat GPT交流，分享他们的设计作品，从中获取有关细节、布局和整体外观等方面的反馈意见。Chat GPT以其审美观点和用户体验方面的建议，甚至能够发现潜在问题或改进的机会，从而提升设计质量和吸引力。

（2）Git mind

Git mind是近年来备受瞩目的国产思维导图软件，具备跨平台的特点，可在电脑、手机、平板等设备上

使用。用户只需一个账号，即可实现数据的自动同步。最新版本的Git mind增加了通过人工智能一键生成思维导图的功能。Git mind AI是一款基于人工智能技术的自动思维导图生成工具。它能根据词汇关系和语义自动解析用户提供的文字，并将其填充到思维导图中。这一过程不仅快捷，还提升了容错率，便于用户绘制思维导图，从而提升工作效率（图4-8、图4-9）。

4.1.2.3 需求分析适用工具

（1）云听CEM

数阔云听CEM客户体验管理平台能够整合和分析来自各个渠道消费者体验反馈数据，广泛应用于产品研发、服务优化、市场营销等多个场景（图4-10）。该平台在帮助品牌链接数据、赋能业务方面发挥着重要作用，从而助力品牌的可持续增长。该平台致力于提供行业领先的大数据解决方案，为客户的业务发展提供有力支持。OPPO、vivo、科沃斯、石头科技、科大讯飞、三只松鼠、Ubras等数百家Top品牌，借助数阔云听CEM，构建了"从全局到一线"的客户体验优化能力（图4-11）。

图4-8 创建节点

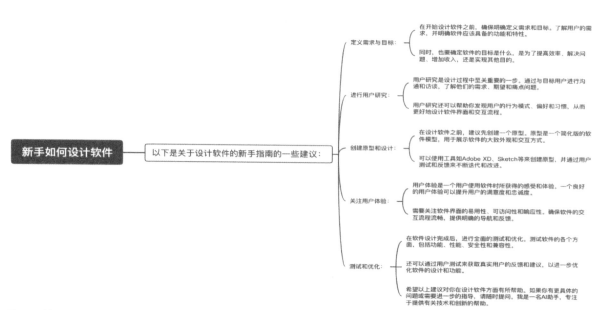

图4-9 使用Git mind AI功能自动生成脑图

（2）体验家

体验家XMPlus是瀚一数据推出的一款全旅程客户体验管理SaaS系统，旨在为企业的客户体验部、产品部、运营部、客服部、营销部等提供支持。该系统基于客户旅程中自动化收集、分析、预警和反馈的多源数据，帮助企业实现高效管理全流程客户体验。通过闭环的客户体验管理，企业可以降低流失率、提升转化率、复购率和口碑推荐，从而增加利润与品牌价值。该系统能够有效提升企业的运营效率，并为客户提供优质的体验。该平台在软件设计过程中具体可以从以下方面提供帮助：A. 用户旅程图构建；B. 用户反馈与意见收集；C. 用户满意度调查（图4-12、图4-13）。

图4-10 数阔云听CEM数据源采集优势简介

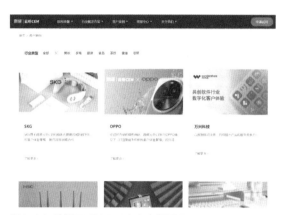

图4-11 数阔云听CEM客户案例展示

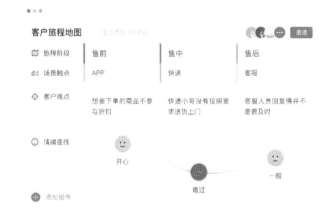

图4-12 基于体验家全旅程客户体验管理系统制作的客户旅程地图

图4-13 基于体验家全旅程客户体验管理系统进行的客户反馈收集

057

4.1.2.4 创意激发适用工具

（1）Mid journey

Mid journey是一款能够根据用户提示生成精美视觉效果的文本输入AI应用，于2022年7月12日开始公测（图4-14）。AI绘画的原理是在深度学习和神经网络技术的基础上，通过训练模型对绘画技巧和风格进行学习和模仿，从而产生具有艺术性的形象。AI绘图的过程包括预处理、输入图像、提取特征、训练生成器网络、后期处理输出图像等步骤。在训练过程中，为了最大程度地减少生成图像和真实图像之间的差异，生成器网络不断地对参数进行调整，从而达到优质效果。

图4-14 Mid journey官网首页

下面将简单介绍Midjourney的基本用法。

A. 通过文本生成图片（图4-15、图4-16）。

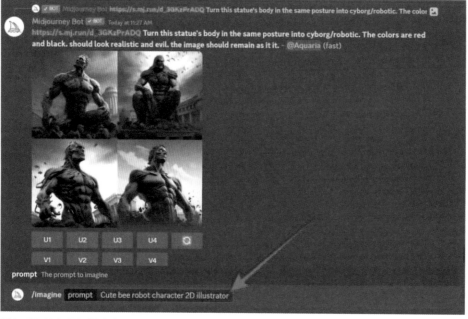

图4-15 输入提示词文本

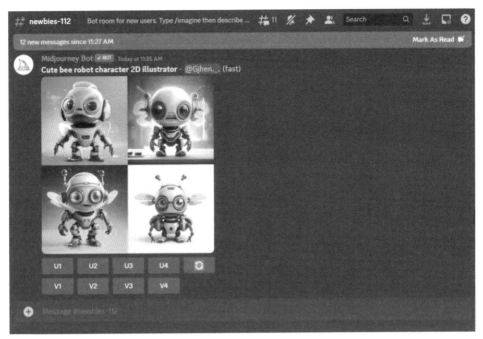

图4-16 输入提示词文本后生成的图片

B. 通过图片生成图片（图4-17、图4-18）。

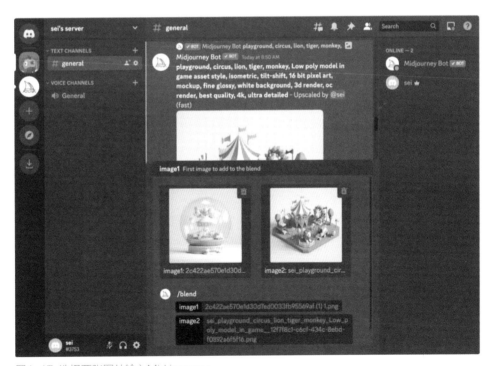

图4-17 选择两张图片输入Mid journey

图4-18 Mid journey通过两张图片生成对应的融合图

（2）Stable Diffusion

Stable Diffusion（SD）是一种深度学习模型，主要用于文本生成图像的应用场景。该模型可以根据给定的文本提示词生成与之匹配的图片。它可以用于各种任务，包括修图、画图、文本转换为图像等；可创作出多种风格的图片，从自然风光到肖像，从卡通到写实等等非常广泛（图4-19，图4-20）。

SD的核心优势在于采用了潜在扩散模型（Latent Diffusion Model，LDM）作为基础。潜在扩散模型是一种用于文本到图像转换的模型，其主要思想是将给定的文本描述逐步扩散到一个连续的潜在空间，然后通过从该潜在空间重建图像来生成与文本描述相匹配的图像。这个过程类似于将文本的语义信息转化为潜在变量，并通过逐步扩散和采样来生成图像。这种模型的一个重要特点是它可以捕捉到文本描述和图像之间的复杂关系，并以连续的方式将其转化为图像表示。这使得SD能够生成更加逼真和准确的图像，与给定的文本描述相吻合。SD作为建立在潜在扩散模型基础上的文本到图像转换模型，具有出色的生成能力和逼真度。其开源性质和丰富的社区支持使其成

图4-19 由Stable Diffusion生成的人像

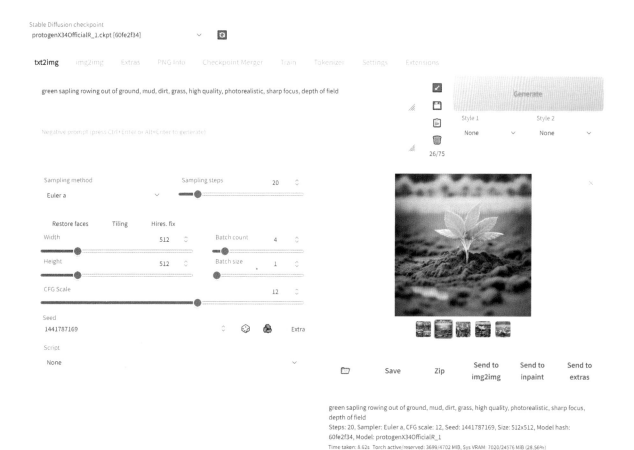

图4-20 Stable Diffusion软件界面

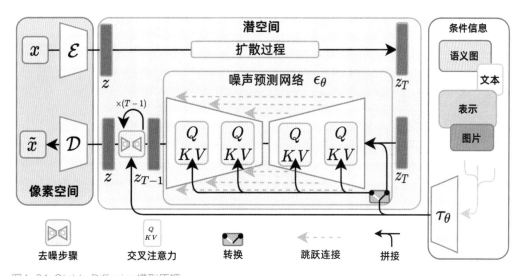

图4-21 Stable Diffusion模型原理

为在AI绘图领域占有一席之地的强大工具（图4-21）。

  Stable Diffusion和Midjourney是目前最主流的两个AIGC（AI-Generated Content）工具，二者都有各自的优点以及适用的场景（表4-2）。

表4-2 Stable Diffusion和Mid journey的功能比较

功能	Stable Diffusion	Mid journey
图片自定义程度	高	低
上手难度	难	中等
生成高质量图片的难度	低	中等
模型变种数目	1000个，多种风格	10个，插画、真实、艺术风格
输出方式	多	少
依赖于是否付费使用	否，免费	是，每月8-60美元
图像提示	是	否
内容过滤器	没有	有

（3）DALL.E 2

2021年1月，Open AI推出了DALL.E模型，DALL.E 2是其升级版。DALL.E这个名字源于西班牙著名艺术家Salvador Dalí和广受欢迎的皮克斯动画机器人Wall-E的组合。与GPT-3一样，DALL.E 2是一个转换器语言模型。它具有多种功能，包括创建动物和物体的拟人化版本，以合理的方式组合不相关的概念，渲染文本以及对现有图像应用转换。它可以从自然语言的描述中创造出逼真的图像与艺术，并能从文字说明中塑造出原始的、栩栩如生的形象与艺术，将概念、属性、风格结合为一体。

DALL.E 2的外涂功能可以将图像扩展到原始画布之外，创造出广阔的新构图（图4-22）。修复功能可以通过自然语言字幕对现有图像进行逼真的编辑。它可以添加和移除元素，同时考虑到阴影、反射和纹理（图4-23）。变化功能可以生成受原作启发的图像及其变体（图4-24）。

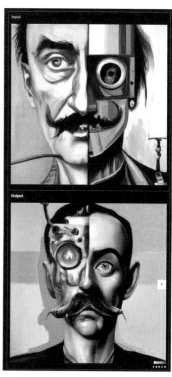

图4-22 DALL.E 2外涂功能　　　　图4-23 DALL.E 2修复功能　　　　图4-24 DALL.E 2变化功能

DALL.E 2的使用非常简单，用户只需给出精确且描述性强的文本提示，就可以通过AI艺术生成器得到多个高质量的图像，一旦账户准备就绪，使用者就可以开始生成图像。最多可以输入400个字符的描述性文本，AI艺术生成器将对其进行处理。例如输入"一个3D渲染的罗马士兵正在休息"，即可得到以下的图像（图4-25）。每个图像最多可以产生四个变体，每一个变体都与原作的外观、感觉和意义相呼应，但又具有自己独特的风格。

（4）Disco Diffusion

Disco Diffusion 是发布于Google Colab 平台的一款利用人工智能深度学习进行数字艺术创作的工具，它是基于 MIT 许可协议的开源工具，可以在 Google Drive 直接运行，也可以部署到本地运行。作为知名元老级AI绘图工具和首批公测AI工具之一，Disco Diffusion的特点是可以生成带点游戏原画风格的画面，其构图、色彩、笔触都可以称得上是专业水准。Disco Diffusion 的基本运行方式是依据用户给出的Prompts（提示/描述）来把文字描述的画面变成图像信息。比如输入提示词：在艺术网站V-Ray上，一幅由Beeple，Mist绘制的当下热门的赛博朋克城市数字画。Disco Diffusion就可以生成如图4-26所示的图片。

当用户输入提示词：一幅Ismail Inceoglu绘制的美丽画作，描绘了沿着平原和河流的丘陵和山脉上迷人的城堡。Disco Diffusion就可以生成如图4-27所示的图片。

（5）Illustroke

AI工具Illustroke专门用于生成矢量插画。使用者只需输入关键词并选择所需的画风，即可生成插画。Illustroke专注于 2D 可缩放矢量图形（Scalable Vector Graphics，SVG）插图，无论使用者将其分辨率缩放多少，这种格式类型都会使图像保持其质量。这意味着即使使用者获得的 SVG 图像一开始很小，将其拉伸到大尺寸也不会导致图像变糊。它的另一独特之处是使用者可以为想要的图像选择一种风格，生成特定风格的艺术作品（图4-28）。但与其他AI艺术生成器相比，Illustroke更擅长日常场景和图像，而不是特定的场

图4-25 使用DALL.E 2 生成的图像

图4-26 Disco Diffusion生成的图片1　　　　图4-27 Disco Diffusion生成的图片2

景和图像。

4.1.2.5 原型设计工具

在原型设计领域,通过对大量设计风格和规律的学习和模仿,生成式AI可以自动生成原型设计作品。能够帮助产品经理或设计师节省大量的时间和精力,以惊人的速度和精确度生成原型设计方案。

(1)Sketch2code

Sketch2code系统可以实时将用户的手绘草图转换为对应UI原型的HTML代码。其核心转换过程可分为UI元素识别与匹配、面向草图的手写文本识别、UI布局生成和HTML代码生成4步,其代码架构如图4-29所示。但目前Sketch2code只能生成其对应的HTML代码,用于简单布局的低保真原型,难以处理比较复杂的案例。

Sketch2code可以帮助设计人员进行动态设计实现更高效的协作和绘图体验。具体来说设计人员可以在白板上共同绘制他们的创意后,Sketch2code就可将绘图转化为实时可测试的网页代码。这个过程可以大大加速网页设计的工作流程,设计人员无需手动编写代码,而是通过Sketch2code工具快速生成可交互的网页原型。这样,设计人员可以更好地验证和调整他们的网页创意,从而提高设计效率和准确性。

Sketch2code的具体使用步骤如下:

首先,用户先在纸或者黑板上绘制界面草图,然后使用手机拍摄草图(图4-30)。随后用户将图片上传到Sketch2code,等待系统将草图处理成HTML原型即可(图4-31)。

图片:Adrian Mark Pilanga / TechAcute

图4-28 使用者选择图像风格

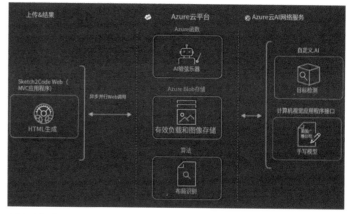

图4-29 Sketch2code代码架构

图4-30 使用者拍摄草图

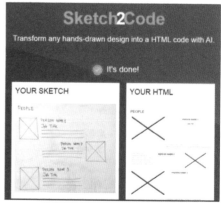

图4-31 Sketch2code生成的HTML原型图

（2）UIzard

UIzard是一款基于人工智能技术的网页、App和UI设计工具，它可以帮助用户快速创建高质量的设计原型。UIzard的核心功能是自动化设计，它可以根据用户提供的信息和需求，自动生成设计原型，包括布局、颜色、字体设计。它的功能亮点如下：

A. 文字生成设计稿。

B. 草图的手绘转换（图4-32）。

图4-32　使用UIzard草图的手绘转换

C. 截屏转换。

D. 预制设计模板及UI组件式。设计师只需通过模板和组件便可在 UIzard 中实现快速简便的设计（图4-33）。

图4-33　使用模板和组件进行设计

E. 一键自动更改项目的设计风格（图4-34）。

图4-34 设计风格一键转换

UIzard可以自动提取灵感来源（例如屏幕截图、照片、情绪板、URL等）的样式并将其应用于给定的项目。

F. 快速协作与迭代：设计过程中可以邀请团队成员一起参与，这样可以帮助团队高效地进行设计的构思、讨论与改进，加快产品开发速度（图4-35）。

图4-35 多人在线协同编辑

借助强大的AI功能，UIzard可以为非设计师提供设计参考，从而被称为设计民主化的垫脚石。随着设计走向民主化，更多的人将参与到产品构思、头脑风暴和设计环节，为他们的客户开发最佳解决方案。当团队中的任何人都可以轻松高效地可视化、沟通、测试和验证他们的疯狂想法时，整个团队的学习速度会得到提升，产品迭代更频繁，并能够将资源集中在更重要的事情上。

（3）Framer

Framer是一款基于JavaScript的开源原型框架，可以帮助开发者及设计师轻松创建出非常逼真的应用原型，它可以使用真实代码创建或定制组件，功能非常全面且强大。对全栈设计师和前端（UI）工程师非常友好。它旨在简化用户的应用程序设计流程，还具备新的AI功能，可以帮助用户创建独特的版面、文案和风格组合，从而快速生成界面（图4-36）。

Framer的主要功能亮点如下：

文本生成设计稿：不论是简单的单页设计还是复杂的多页应用，Framer都能根据用户提供的输入自动分析并生成最佳的版面方案，轻松胜任。

自动色彩搭配方案：Framer能够混合匹配用于构建设计主题的显示字体、文字字体和色彩搭配方案，实现各种变体主题在不同部分的循环使用（图4-37）。

自动生成文案：通过简单地点击按钮，Framer可以自动优化设计稿的文案，并即时呈现出新的文案（图4-38）。通过文本自动生成按钮，Framer可以一键将"激情"变化成"热情"。

Data-Driven Design：Framer支持通过导入和使用真实数据创建动态原型，让用户能够更真实地展示应用程序的功能和内容，可以使用样本数据或导入实际数据集。

团队协作支持：Framer提供团队协作功能，让设计师和开发者能够在同一个项目中共享并协同工作。

Framer AI以其独特的方式改变了网站建设流程，通过将AI技术与人工策划相融合（图4-39），实现了无缝结合。不论是一般用户还是设计师，都能够以秒级生成并发布带有AI建构的设计结构，然后进一步进行定制和修改，以确保向客户提供高质量的网站。这种创新方法使得网站的构建变得更加高效和便捷。

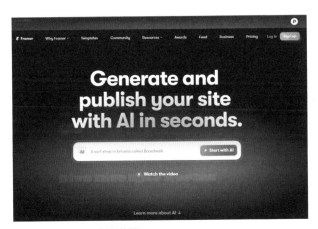

图4-36 Framer官网首页

图4-37 Framer提供众多配色方案和字体选择

图4-38 自动生成文本内容

4.1.2.6　设计评价适用工具

（1）Webthetics

　　网页美学在吸引网上用户和影响其用户体验方面的作用越来越重要，因为网络已经成为全球吸引用户和客户的最受欢迎的媒体。目前，一种名为Webthetics的深度神经网络能够利用深度学习技术对网页美学进行动态计算和量化。它通过训练所收集的用户评分数据，提取原始网页中的代表性特征，并将其审美进行量化。该方法将网页美学的评分任务视为一个回归问题，旨在清晰地输出网页美学评级。通过学习Web和用户的审美评级数据，Webthetics获得了直接从Web截图中提取具有代表性特征的能力。利用这些先进的功能，深度学习模型能够可靠地预测Web的审美评级。网页美学评级预测的分布包括用户评分以及Webthetics网络美学模型预测的美学评分[①]。如图所示，Webthetics模型预测的评分与用户实际评分高度吻合（图4-40）。这表明，从CNN神经网络中学到的特征能够成功地代表影响网页审美的视觉外观和设计因素。深度网络有效地获取了知识，并能够提取出来自Web视觉信息的高度歧义的表达，尽管潜在的审美因素看起来是主观的且难

图4-39　通过用户文字描述生成的网站

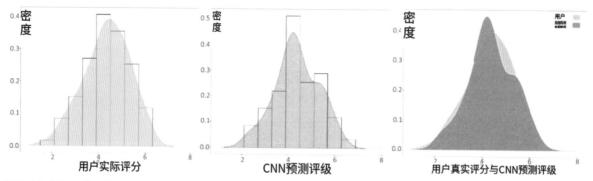

图4-40　从深度学习模型分析网页美学评级预测的分布

① DOU Q，ZHENG X S，SUN T，et al. Webthetics：Quantifying Webpage Aesthetics with Deep Learning［J］. International Journal of Human-Computer Studies，2019，124：56-66.

以明确定义。

（2）基于语义感知混合网络的面向分布的美学评估方法

图像美学评测在高级视觉应用领域成为引起人们广泛关注的热点。有一种新的方法，旨在通过多个质量层级上的分布来量化图像美学的质量。与传统的基于单个标签的图像美学品质评估思路不同，该方法基于一种全新的框架，利用完全卷积网络来处理不同大小的输入图像。这一方法的优点在于避免了传统卷积神经网络对输入尺寸的固定要求，从而限制对图像内在美感的破坏。

此外，该方法还结合了影像美学感知力和语义理解能力，提出了一种新颖的语义感知力混合网络（Semantic-Aware Hybrid Network，SANE），通过目标分类和场景辨识获取相关信息，以进一步提升图像美学品质评估的表现[①]。通过在两个数据库上进行实验，这种方法被证实可以有效提升性能。

4.2　硬件交互设计方法

随着新兴智能技术不断发展，产品研发呈现出新的面貌。基于人工智能、大数据、云计算以及物联网等技术的智能硬件产品，不仅在系统功能及交互模式上突破原有的边界，展现了更多智能化技术特征，也在服务模式及研发流程方面发展出新的可能。智能硬件产品受限于硬件物理属性和成本，设计时要对这些限制有比较清晰的认识。因此，智能硬件产品必须有一个明确的定位，才能在物理属性和成本受到限制的情况下，做出优秀的产品。定位需要考虑用户、价格段、地区、产品类型、渠道等多个维度，以便提升产品设计水平，提高研发效率，降低用户认知成本，减少营销费用，增进渠道落地效率。

智能硬件产品是一个软硬件结合的完整系统，如果仅用设计实体产品或软件的思考方式来做智能硬件产品，可能会导致产品设计片面。智能硬件产品需要有一个清晰的产品设计路线图，包括工业设计、结构设计、硬件设计、软件设计等内容，涉及多个部门或技术工种的配合。同时，需要考虑软硬件之间的协同和融合，形成一个健康的软硬件结合的生态系统。

4.2.1　智能硬件的概念设计流程

随着智能技术应用逐渐成熟，以及商业服务模式的进一步扩展，在当下阶段许多智能硬件产品并非像传统电子产品一般自成一体，而是被整合在产品服务系统以及智能产品系统的生态中，因此智能硬件产品在设计流程上要比智能软件产品的设计更为复杂。在整体设计流程中智能硬件产品的工业设计、交互设计以及体验设计的工作通常被整合在一起进行，从产品研发的早期阶段开始，产品团队成员共同定义产品概念。尽管智能硬件产品通常都被构建在系统生态中，也常有配套的软件应用，但从整体来看工业设计仍是非常重要的一环，而智能硬件产品的设计流程也并非是对传统设计流程的全盘推翻，更多是在其基础上进行优化改进。鉴于智能硬件产品的实体特性，硬件产品的交互设计常常被涵盖在工业设计的内容中，或与工业设计的设计开发同步进行。因此，在此介绍两种类型的产品硬件设计流程。

4.2.1.1　类型1：工业设计主导的概念驱动设计流程

在该类型的初期，工业设计师及交互设计师在决定产品发展方向方面起着主导作用，包括四个阶段（图4-41）。

---

① CUI C，LIU H，LIAN T，et al. Distribution-Oriented Aesthetics Assessment With Semantic-Aware Hybrid Network [J]. IEEE Transactions on Multimedia，2019，21（5）：1209-1220.

第一阶段是设计概念探索。工业设计师及交互设计师独立开发产品概念，不受其他部门的干扰。这个阶段设计师主要关注美学外观、交互流程和用户体验，很少考虑内部结构和具体技术实现。设计结果通常是高质量的手绘效果图以及外观的三维模型数据。当概念方案被确定后，设计团队会制作相应的草模来验证方案，最终产出产品外观的三维模型数据。第二阶段是产品商业规划。产品规划部门分析所选概念方案的商业化前景，具体评估概念方案的目标市场、价格、材料和成本等内容。该阶段最终会产出相关产品规划文件，并确定设计商业化的具体方向。第三阶段是工程设计与评估。工程设计师对工业设计师提出的设计概念的可行性进行评估，并分析实现产品目标需要哪些技术。随后在产品造型的三维数字模型内部布置零部件，测试是否所有必要的零部件都可以合理放置产品外壳内。同样，软件工程师协同工程技术人员来判定基于交互方案的技术可行性。在这一阶段工程师会依据产品概念进行产品功能原型的开发，用于测试评估。最终，工程师将评估结果整理成报告，并与设计团队进一步协同调整产品概念方案。第四阶段是详细设计、测试、生产及后续跟进。从这个阶段开始，工程设计师主导所有后续部分的设计。工程设计师根据上一阶段确定的外观模型数据、测试所使用零部件的形态及尺寸，就按单个零件的形态及结构进行批量生产。出于对大规模生产或可靠性测试的考虑，必要时工业设计师会进一步对外观设计进行微小的修改。在详细设计完成后，设计团队与工程团队会协同进行最后的评估。最后便是预生产及大规模生产阶段。该类型设计流程的特点在于其从设计团队的纯粹概念化开始构思产品，具有充分的自由。这意味着新产品可以根据设计师的洞察和直觉来进行开发，这与工程设计学科中描述的产品设计过程不一致。因此，其只适合利基市场，并对美学及用户体验要求极高的产品类型。

4.2.1.2 类型2：工业设计与工程设计协同的设计流程

该类型设计流程的特征在于在设计早期阶段，设计团队便与工程团队协同合作，来共同定义开发新产品。其常见于技术成分占比较高的产品，以及前瞻探索性产品的研发过程中，如无人机、未来出行工具等产品。其具体设计流程分为四个阶段（图4-42）。

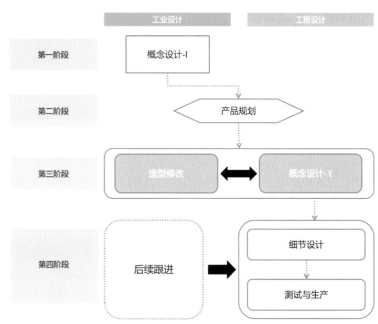

图4-41 类型1：工业设计主导的概念驱动设计流程

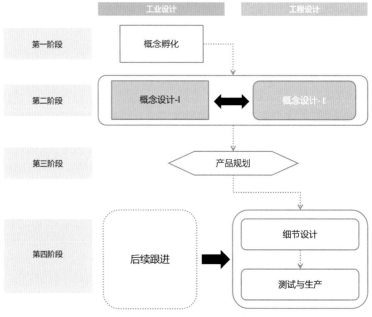

图4-42 类型2：工业设计与工程设计协同的设计流程

第一阶段是概念探索。工业设计师与交互设计师一同定义构思新设计。在这个阶段设计师暂不过多考虑技术落地方面的限制和要求，力求发展出具备创新度的新产品概念想法。第二阶段是概念设计。这个阶段开始设计师团队与工程师团队通力合作，对初期产生的新产品概念进行细化，对产品功能进行评估，并考虑技术可行性。在理清定义产品概念的细节后，工程师团队对产品的内部构造进行初步设计，并协同设计师团队产出产品外观的三维数字模型。第三阶段是产品规划。产品规划团队通过设计评估会议来探讨产品的商业化内容。然后，产品规划团队定义设计的目标市场。从这一阶段开始，负责开发大批量生产阶段产品模型的工程设计师就会参与进来。第四阶段是详细设计、测试和生产、跟踪。这一阶段的过程与类型1的设计流程几乎相同。

现实情况下，由于智能硬件产品开发过程的复杂性，单一的过程模型并不能满足实际生产的需要，即使在单一产品领域（如智能消费电子产品）中，面向不同群体、处于不同产品定位的产品，其实际设计过程也并非一成不变的。因此在实际产品开发过程中，整体设计流程需要根据细分行业和具体项目的需要来制定调整。

4.2.2 智能硬件的产品设计步骤

产品开发中的硬件设计阶段一般是在概念设计阶段结束之后，整个研发团队对于概念产品的功能、尺寸、形态、使用条件、使用寿命和制造成本等因素在此阶段已经具备了一定判断力，或可能已经输出了初步的标准规格。然而，由于这类标准规格通常都是由设计人员进行初步制定，或是仅给出一个较为笼统的概念，如产品的使用寿命要达到5年以上，因此在具体硬件设计中仍需要硬件工程师进行更为细致的需求分析。除此之外，硬件设计不仅仅考虑硬件的性能是否达标即可，还要考虑硬件的成品率、成本和制造难度等因素，只有综合评估和考量后，才能实现更多优化的硬件设计方案。对于硬件设计的一般性要求如表4-3所示。

表4-3　硬件设计的一般性要求

要求	内容
整体性能要求	初步进行CPU、存储器、主要器件选型
功能要求	根据需求进一步针对主要芯片做进一步细分，筛选满足功能的所有器件
成本要求	在满足项目需求的前提下，尽可能地降低成本，是硬件工程师的重要职责
接口要求	接口种类、数目，指示灯及其规范，复位键、电源按钮
功耗要求	电源功率分配依据，涉及电源架构设计、电源电路器件选型

智能硬件产品的设计步骤分为四步，分别是选择传感器、选择驱动方式、编写硬件控制算法和搭建硬件控制电路（图4-43）。

第一：选择传感器。智能硬件设计中的传感器是指能够采集、处理、交换信息的器件或装置，它们利用微处理器或微计算机对传感器的数据进行处理，并能对它的内部行为进行调节，使采集的数据最佳。

第二：选择驱动方式。驱动方式是指一种将能量或信号转换为机械运动或状态的方法，通常有气动驱动、液压驱动和电动驱动等类型。

图4-43 智能硬件设计的步骤

　　第三：编写硬件控制算法。硬件的控制算法通常需要考虑硬件的特性、性能、限制和环境等因素，以实现对硬件的精确、稳定、高效和安全的控制。

　　第四：搭建硬件控制电路。硬件控制电路是指用电子元件和电路板来实现对硬件设备的控制信号的产生、传输和处理进行调节的一种方法。硬件控制电路通常需要根据硬件设备的类型、功能、性能和接口等要求，来设计合适的电路原理图、PCB布局和元器件选型等。

4.2.2.1　选择传感器

　　现代智能传感器是指具有数据采集、转换、分析甚至决策功能的传感器，它们可以输出数字信号，便于后续计算处理。智能传感器的功能包括信号感知、信号处理、数据验证和解释、信号传输和转换等，主要的组成元件包括A/D和D/A转换器、收发器、微控制器、放大器等[①]。

　　智能传感器的分类方法有很多，常见的有以下几种：按测量对象分类，可分为检测放射线、光、力、磁、声、湿度、温度、位置、流体流量流速等不同类型，每种检测同类物理量的传感器又包含多种应用、存在不一样的实现途径。按制造技术分类，可分为微机电系统（Micro-Electro-Mechanical System，MEMS）、互补金属氧化物半导体（Complementary Metal Oxide Semiconductor，CMOS）、光谱学三大类。MEMS和CMOS技术容易实现低成本大批量生产，能在同一衬底或同一封装中集成传感器元件与偏置、调理电路，甚至超大规模电路，使器件具有多种检测功能和数据智能化处理功能。光谱学技术是智能传感器增长最快的新技术，通过测量光与物质相互作用的光谱特性来分析物质的物理、化学性质。按输出信号形式分类，可分为模拟式、开关式和数字式。模拟式传感器输出连续的模拟信号，开关式传感器输出"0"或"1"两种信号，数字式传感器输出数字编码信号。按转换原理分类，可分为结构型、物性型、复合型和生物型。结构型传感器利用机械构件在动力场或磁场的作用下产生变形或位移，将外界被测参数转换成相应的电阻、电感、电容等物理量。物性型传感器利用材料的固态物理特性及其各种物理、化学效应实现非电量的转换，是以半导体、电解质、铁电体等作为敏感材料的固态器件。复合型传感器由结构型传感器和物性型传感器组合而成的，兼有两者的特征。生物型传感器利用微生物或生物组织中生命体的活动现象作为变换结构的一部分[②]。

　　智能传感器按照类型分类又可分为温度传感器，压力传感器，位移传感器等，其具体的分类和应用领域如表4-4所示。

表4-4　智能传感器分类及其应用领域

类型	应用领域
温度传感器	工业控制、医疗设备、环境监测
压力传感器	汽车工业、航空航天、石油化工
位移传感器	机械工程、机器人技术、地震探测
流量传感器	水处理、食品加工、能源管理
湿度传感器	农业、气象、家电
力传感器	称重、测力、扭矩
加速度传感器	智能手机、运动监测、安全防护
转矩传感器	电机、风力发电、汽车
气体传感器	环境保护、工业安全、医疗诊断
光敏传感器	光通信、光存储、光成像

① 殷毅. 智能传感器技术发展综述［J］. 微电子学，2018，48（04）：504-507+519.
② 肖宇麒. 智能传感技术的发展与应用［J］. 电子技术与软件工程，2021（01）：104-105.

传感器的选型主要考虑以下几个方面：

第一，测量对象和环境。根据要测量的物理量、量程、精度、线性、稳定性、响应速度等，以及传感器所处的温度、湿度、压力、电磁干扰等，确定传感器的类型和原理。第二，灵敏度和信噪比。灵敏度是指传感器输出信号与输入信号的比值，通常希望灵敏度越高越好，但也要注意避免外界噪声的干扰，提高信噪比。另外，还要考虑传感器的方向性和交叉灵敏度，使其与被测量匹配。第三，频率响应和延迟。频率响应是指传感器对不同频率输入信号的输出能力，决定了传感器可测量的频率范围。延迟是指传感器对输入信号变化的反应时间，通常希望延迟越短越好。第四，线性范围和量程。线性范围是指传感器输出信号与输入信号成正比的范围，通常希望线性范围越宽越好，这样可以保证传感器的量程越大，并且测量精度越高。第五，稳定性和耐用性。稳定性是指传感器在使用一段时间后，其性能保持不变化的能力。耐用性是指传感器能够承受恶劣环境和长期使用的能力。这两个因素都影响着传感器的寿命和可靠性。第六，输出类型和成本。输出类型是指传感器将输入信号转换何种形式的信息，如模拟电压、脉宽调制、串行数字等。不同的输出类型有不同的优缺点，需要根据信号处理和数据传输的需求来选择。成本是指传感器的价格和维护费用，通常要在满足测量要求的前提下，选择合理和经济的传感器。

4.2.2.2　选择驱动方式

（1）液压驱动

液压泵把机械能转换成液体的压力能，液压控制阀和液压辅件控制液压介质的压力、流量和流动方向，将液压泵输出的压力能传给执行元件，执行元件将液体压力能转换为机械能，以完成要求的动作。由于液压技术是一种比较成熟的技术。它具有动力大、力（或力矩）与惯量比大、快速响应高、易于实现直接驱动等特点。适于在承载能力大，惯量大等环境中工作的产品上应用（图4-44）。但液压系统需进行能量转换（电能转换成液压能），速度控制多数情况下采用节流调速，效率比电动驱动系统低。液压系统的液体泄漏会对环境产生污染，工作噪声也较高。因为这些弱点，近年来在负荷为100kz以下的产品中往往被电动系统所取代。

使用液压驱动的操作流程可能因不同的液压设备和系统而有所差异，但一般可以归纳为八个步骤。第一，检查液压油箱的油位和油质，确保油量充足，油质清洁，无杂质和泡沫。第二，检查液压泵、控制阀、执行元件、管路等部件的连接是否牢固，无渗漏和松动现象。第三，启动原动机，使液压泵开始工作，向系统提供压力油。第四，调节溢流阀、减压阀等压力控制阀，使系统的压力达到预设值，防止过载和损坏。第五，操作方向控制阀、流量控制阀等控制阀，改变油液的流向、流量和速度，驱动执行元件按照要求进行运动。第六，观察系统的工作状态，如有异常，及时停机检查和处理。第七，停止原动机，关闭液压泵，使系统处于静止状态。第八，清理液压设备和周围环境，保持整洁。

（2）气动驱动

气动技术是以空气压缩机为动力源，以压缩空气为工作介质，进行能量传递或信号传递的工程技术（图4-45）。

图4-44　液压动力装置

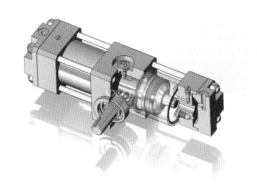

图4-45　气动动力装置

是实现各种生产控制、自动控制的重要手段。在人类追求与自然界和平共处的时代，研究并大力发展气压传动，对于全球环境与资源保护有着相当特殊的意义。随着工业机械化和自动化的发展，气动技术越来越广泛地应用于各个领域。特别是成本低廉、结构简单的气动自动装置已得到了广泛的普及与应用，在工业企业自动化中具有非常重要的地位。气动技术应用的最典型的代表是工业机器人。代替人类的手腕、手以及手指能正确并迅速地做抓取或放开等细微的动作。除了工业生产上的应用之外，在游乐场的过山车上的刹车装置，机械制作的动物表演以及人形报时钟的内部，均采用了气动技术，以实现细小的动作[①]。

气动驱动的使用流程大致如下：

第一，连接压缩空气源，如空气压缩机，向气动系统提供压缩空气。第二，调节压力调节阀，使系统的压力达到所需值，一般为0.4~0.8MPa。第三，安装过滤器、油雾器等辅助元件，对压缩空气进行过滤、润滑等处理，保证气动元件的正常工作。第四，操作电磁阀、手动阀等方向控制阀，改变压缩空气的流向，驱动气缸、气动马达等执行元件按照要求进行运动。第五，安装流量控制阀、节流阀等流量控制阀，对压缩空气的流量和速度进行调节，控制执行元件的运动速度和平稳性。第六，安装溢流阀、安全阀等压力控制阀，对系统中的压力进行限制或释放，防止过载和损坏。第七，观察系统的工作状态，如有异常，及时停机检查和处理。第八，停止压缩空气源，关闭系统，使系统处于静止状态。第九，清理气动设备和周围环境，保持整洁。

（3）电动驱动

电动驱动由于低惯量，大转矩交、直流伺服电机及其配套的伺服驱动器（交流变频器、直流脉冲宽度调制器）的广泛采用，这类驱动系统在各种类型的产品中被大量使用。这类系统不需能量转换，使用方便，控制灵活。大多数电机后面需安装精密的传动机构。直流有刷电机不能直接用于要求防爆的环境中，成本也较上两种驱动系统的高[②]。

近年来，电机技术不断创新和发展，涌现出许多新型的电机结构和控制策略：

无磁电动机：这是一种不需要稀土材料的高效电动机，它采用无接触的感应式动力传输，可以无磨损运行，具有高速、高效、耐用和低成本的特点（图4-46）。

高槽填充率绕线技术：这是一种提高永磁同步电机性能的技术，它采用扁平线/矩形线或发夹式绕组，可以大大降低绕组发热，提高绕组铜材利用率和磁通密度，从而提高扭矩密度、功率密度和效率。

高速电机技术：这是一种降低电机体积和重量的技术，它通过提高运行速度，降低电机对转矩的要求，从而提高功率密度。目前已有一些电动汽车采用了超过15000rpm的牵引电机转速，未来还有望达到25000rpm。

高效的热管理技术：这是一种改进牵引电机冷却技术和传热的技术，它采用油水联合冷却和新的冷却拓扑结构，可以提高电机的功率密度和可靠性。

新型永磁无刷电机：这是一种具有新结构或新概念的永磁无刷电机，它包括混合励磁型、轮毂型、双定子型、记忆型以及磁性齿轮复合型等。

不同种类的电机驱动方式也不尽相同，但一般可以归纳为四个步骤。第一，选择合适的电机和驱动器，根据需要的转速、转矩、精度、控制方式等参数，选择适合的电机和驱动器。第二，

图4-46 无磁电动机

① 杨天兴. 气动技术的发展现状及其应用前景 [J]. 煤，2011，20（04）：39-41.
② 马东辉，吴煜，王猛猛. 电机在新能源汽车上的应用 [J]. 林业机械与木工设备，2013，41（06）：13-17.

连接电源和控制信号，根据电机和驱动器的额定电压、电流、功率等参数，选择合适的电源，并连接控制信号，如PWM信号、脉冲信号等。第三，调节驱动器的参数，根据需要的运动模式、速度曲线、保护功能等参数，调节驱动器的参数，如加速度、减速度、限流、限压、过流保护等。第四，启动电机并观察运行状态，根据控制信号或者手动开关，启动电机并观察运行状态，如转速、转矩、温度、噪声等。第五，停止电机并断开电源，根据需要或者异常情况，停止电机并断开电源，清理电机和驱动器周围环境，保持整洁。在过去，驱动器与电动机一一对应，一个电动机就需要一个驱动器。随着驱动技术日渐成熟，驱动器由单轴控制向多轴控制发展，两者的关系也不再单纯，单个驱动器可同时控制多个电动机。

4.2.2.3　编写硬件控制算法

硬件控制的算法有很多种，可以根据不同的依据进行分类。以下是一种常见的分类方法，按照控制算法的设计原理和特点进行划分：

第一，基于模型的控制算法，这类算法需要建立系统的数学模型，利用系统的状态方程或者传递函数来设计控制器，使系统满足一定的性能指标。常见的基于模型的控制算法如表4-5所示，PID控制算法是最常用的控制算法之一，通过调节比例、积分、微分三个参数，实现对系统误差的反馈控制，具有简单、实用、鲁棒的优点。自适应控制算法是一种能够根据系统参数变化或外部干扰而自动调整控制器参数的算法，适用于具有参数不确定性或时变性的系统。鲁棒控制算法是一种能够保证系统在存在结构性或非结构性不确定性时仍然具有良好性能的算法，如H∞控制、滑模控制等。最优控制算法是一种能够使系统在满足约束条件下达到某种最优标准（如最小化时间、能量、成本等）的算法，如线性二次型（Linear Quadratic Regulator，LQR）控制、线性二次型高斯（Linear Quadratic Gaussian，LQG）控制等。预测控制算法是一种利用系统模型预测未来输出，并根据预测值和期望值之间的偏差来优化控制输入的算法，如模型预测控制（Model Predictive Control，MPC）等。

表4-5　基于模型的控制算法

名称	方式	例子
PID控制算法	通过调节比例、积分、微分三个参数，实现对系统误差的反馈控制	—
自适应控制算法	一种能够根据系统参数变化或外部干扰而自动调整控制器参数的算法，适用于具有参数不确定性或时变性的系统	—
鲁棒控制算法	一种能够保证系统在存在结构性或非结构性不确定性时仍然具有良好性能的算法	H∞控制、滑模控制等
最优控制算法	一种能够使系统在满足约束条件下达到某种最优标准（如最小化时间、能量、成本等）的算法	线性二次型（LQR）控制、线性二次型高斯（LQG）控制等
预测控制算法	一种利用系统模型预测未来输出，并根据预测值和期望值之间的偏差来优化控制输入的算法	模型预测控制（MPC）等

第二，基于人工智能的控制算法，这类算法不需要建立系统的数学模型，而是利用人工智能技术来模拟人类或生物的智能行为，实现对复杂非线性系统的有效控制。常见的基于人工智能的控制算法如表4-6所示，神经网络控制算法是一种利用神经网络来近似非线性函数或者学习系统动态特性，并根据神经网络输出来生成控制信号的算法。模糊控制算法是一种利用模糊逻辑来描述系统输入和输出之间的关系，并根据模糊推理来生成控制信号的算法。进化计算控制算法是一种利用进化计算技术（如遗传算法、粒子群优化等）来搜索最优或者次优的控制器参数或者结构的算法。强化学习控制算法是一种利用强化学习技

术（如Q-learning、SARSA等）来通过与环境交互而学习最优策略，并根据策略输出来生成控制信号的算法。

表4-6　基于人工智能的控制算法

名称	方式
神经网络控制算法	一种能够根据系统参数变化或外部干扰而自动调整控制器参数的算法，适用于具有参数不确定性或时变性的系统
模糊控制算法	一种利用模糊逻辑来描述系统输入和输出之间的关系，并根据模糊推理来生成控制信号的算法
进化计算控制算法	一种利用进化计算技术（如遗传算法、粒子群优化等）来搜索最优或者次优的控制器参数或者结构的算法
强化学习控制算法	一种利用强化学习技术（如Q-learning、SARSA等）来通过与环境交互而学习最优策略，并根据策略输出来生成控制信号的算法

硬件控制的算法是指用软件编程的方式来控制硬件设备的运行状态和行为的算法，通常需要考虑硬件的特性、接口、信号、响应等因素。硬件控制的算法如何编写，主要取决于以下几个方面：

第一，硬件的类型和功能。不同的硬件设备可能需要不同的控制方式和协议，如直流电机、步进电机、交流电机等，需要了解硬件的工作原理、输入输出特性、参数范围等。第二，硬件的接口和连接方式。不同的硬件设备可能需要不同的接口和连接方式，如串口、并口、USB、I2C、SPI等，需要了解接口的电气特性、通信协议、数据格式等。第三，硬件的信号和响应。不同的硬件设备可能有不同的信号和响应特性，如采样率、分辨率、延迟、噪声、干扰等，需要了解信号的处理方法、滤波算法、校准方法等。第四，硬件的控制目标和性能要求。不同的硬件设备可能有不同的控制目标和性能要求，如稳态精度、动态响应、跟踪能力、抗扰能力等，需要了解控制算法的设计方法、优化方法、评估方法等。

根据以上方面，硬件控制的算法编写一般可以分为以下几个步骤：

第一，选择合适的编程语言和开发环境，根据硬件设备和控制器（如单片机、PLC、DSP、FPGA等）的特点，选择适合的编程语言（如C/C++、Python、MATLAB等）和开发环境（如IDE、编译器、调试器等）。第二，编写硬件驱动程序，根据硬件设备和接口的特点，编写硬件驱动程序，实现对硬件设备的初始化、配置、读写等操作。第三，编写信号处理程序，根据硬件设备和信号的特点，编写信号处理程序，实现对信号的采集、滤波、校准等操作。第四，编写控制算法程序，根据硬件设备和控制目标的特点，编写控制算法程序，实现对硬件设备的控制指令计算和输出。第五，测试和调试程序，根据硬件设备和性能要求的特点，测试和调试程序，检查程序是否正确运行，是否满足性能要求。

4.2.2.4　搭建硬件控制电路

硬件控制系统是指利用硬件设备和电路来实现对某个对象或过程的控制的系统。一般来说，硬件控制系统包括以下几个部分：被控对象、控制器、执行器、反馈和传感器。被控对象是指需要被控制的物理实体，如电机、机器人等。控制器是指负责执行控制算法和指令的硬件设备，如单片机、ARM、DSP、FPGA等。执行器是指将控制器的输出信号转换为能够驱动被控对象的物理量的硬件设备，如电机驱动器、继电器等。反馈和传感器是指将被控对象的状态或输出信息转换为能够被控制器接收和处理的信号的硬件设备，如电流传感器、编码器等。

硬件电路搭建是指利用电子元器件和连接线构成具有一定功能的电路系统的过程（图4-47）。硬件电路搭建的一般步骤如下：

第一，设计需求分析。明确电路的功能、性能、规格、成本等要求，确定电路的大致方案和框架。第

图4-47 硬件电路搭建步骤

二，原理图设计。根据设计需求，选择合适的电子元器件，绘制电路的原理图，标注各个元器件的参数和引脚，进行电气规则检查（ERC）和仿真测试。第三，PCB设计。根据原理图，生成网表（Netlist），导入PCB设计软件，确定板的大小、形状、层数等参数，进行元器件的布局（Placement）和布线（Routing），进行设计规则检查（DRC）和信号完整性分析（SI），生成工艺文件（Gerber）。第四，PCB制作。将工艺文件交给PCB厂商，按照要求制作出实物的PCB板，进行质量检测和测试。第五，PCB装配。根据物料清单（BOM），采购所需的元器件，将元器件焊接在PCB板上，形成完整的电路系统，进行功能测试和调试。

在硬件电路搭建中信号调理和保护电路的设计是指根据信号源的特性和信号处理的要求，设计合适的电路来对信号进行放大、滤波、隔离、调制解调等操作，以及对信号进行过压、过流、短路等保护的过程。信号调理和保护电路的设计需要掌握一些基本的知识和技能，如电子元器件、运算放大器、模拟数字转换、电路仿真等。

信号调理和保护电路的设计的一般步骤如下：

第一，分析信号源的特性。确定信号源的类型、幅值、频率、相位、噪声等参数，以及信号处理的目标和要求，如输出电压范围、带宽、精度、稳定性等。第二，选择信号调理方案。根据信号源的特性和信号处理的要求，选择合适的信号调理方案和方法，如放大电路、滤波电路、隔离电路、调制解调电路等，设计出信号调理电路的结构和参数。第三，选择保护方案。根据信号源和信号处理电路可能遇到的故障情况，选择合适的保护方案和方法，如过压保护、过流保护、短路保护等，设计出保护电路的结构和参数。第四，绘制原理图和布局图。根据信号调理方案和保护方案，用电路设计软件绘制原理图和布局图，标注各个元器件的参数和引脚，进行电气规则检查（Electrial Rule Checking，ERC）和设计规则检查（Design Rule Checking，DRC）。第五，制作和测试电路板。将布局图生成工艺文件（Gerber），交给电路板厂商制作出实物的电路板，进行质量检测和测试。将信号源接入电路板，观察并分析输出结果，检验信号调理和保护电路是否达到预期的效果，如有必要进行调试和优化。

4.2.3　智能硬件产品的交互设计方法

交互设计方法包括人机交互、人体工程学、计算机科学的软件开发，眼动追踪，使用行为分析，任务完成度等研究方法，帮助研究者与设计师明晰研究问题与客观性内容，并检验出现理论的信效度。由于交互设计的方法内容繁多，种类丰富，在此按照双钻设计程序模型的四个研发阶段，选取具有代表性的交互设计方法进行阐述，分别为探索、定义、开发和交付四个阶段的交互设计方法。

4.2.3.1　探索阶段的VRIO研究方法

随着市场需求的变动愈发快速，抓住新产品机会的时间也愈发短暂，这便要求智能硬件产品的研发迭代也要适应这种变化，朝着灵活响应、快速研发的趋势发展。而作为整个设计流程中最初的阶段，产品机会洞察则要更为快捷敏锐，因此研发团队在初期常使用一些快速的产品机会识别方法，如综合分析价值（Value）、稀缺性（Rarty）、难以模仿性（Imitability）及组织性（Organization）的VRIO分析方法

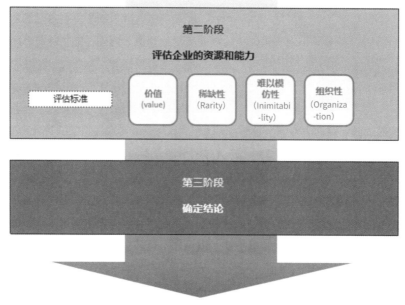

图4-48 VRIO研究方法的使用步骤

（图4-48）。VRIO分析是企业内部分析中的一个组成部分，一般在企业的创新规划阶段进行[①]。其可以被用来精确地引导研发团队寻找新产品机会，从而发现机遇和消除威胁。VRIO的分析方法具有清晰的组织结构，所以其解析是一种线性的解析，只要在分析不出错的情况下，就不必进行迭代。

步骤1，辨别企业具备的资源和能力。步骤2，根据以下标准依次评估企业的资源和能力。价值（Value）指该资源或能力是否具备附加价值，附加价值的表现形式有效率提高、质量提高、用户反映增多、创新售力增强等。稀缺性（Rarity）指存在多少竞争对手具备这类资源或能力。难以模仿性（Inimitability）指当前不具备这类能力及资源的公司，他们是否能够轻易地获得这些能力，或轻易地开发这些资源。组织性（Organization）指当前企业的结构和现实情况是否允许企业以最有效的方式，来运用这些资源和能力。步骤3，根据上述评估，确定符合现实条件的、经济的以及有竞争优势的结论。有价值的、稀缺的、难以模仿且能有效组织的资源是持续保持公司竞争优势的基础。

VRIO的局限性在于，其分析需要执行者具有较强的个人洞察力和判断能力，在某些时候要求执行者是该领域的专家。例如，评估资源的可模仿性需要全面了解这类资源是如何形成的，以及资源是否可以其他形式存在。企业可以运用VRIO分析方法来识别目前具有竞争优势的资源，但无法获知如何创造新的具备竞争优势的资源。尽管如此VRIO仍然是一个快速实用的前期探索方法，能够支持设计团队就初期概念想法的快速迭代和决策。

4.2.3.2 定义阶段的用户研究方法

随着社会技术发展速度的不断加快，用户群体进一步细分并呈现出多元化的面貌，用户在于产品、品牌的双向互动中不断被塑造并改变（表4-7）。

---

① 代尔夫特理工大学工业设计工程学院. 设计方法与策略：代尔夫特设计指南［M］. 倪裕伟，译. 武汉：华中科技大学出版社，2014：87-88.

4.2.3.3　开发阶段的故事板图法

在产品的初期开发阶段，设计师常常采用故事板的方法来向团队内的其他成员来展示产品概念、使用场景及功能细节等内容[①]。通过一定的绘画或图像处理方式，将故事板的内容按照故事剧本进行视觉化呈现，便是故事板图法（图4-49）。尽管故事板图法不是一种新兴的开发方法，但却是交互设计研发中几乎不可缺少的一种方法，因此仍有必要对其进行阐述。

表4-7　用户画像研究示例

典型用户1		典型用户2	
姓名	周英	姓名	柴格
年龄	32	年龄	35
性格	热情、宽容	性格	大方、低调
身份	两个孩子的母亲	身份	两个孩子的父亲
职业	家庭主妇	职业	企业部门主管
城市	无锡	城市	无锡
经济	无收入	经济	月20000+
简介	有一对双胞胎，上小学二年级时由于疫情原因，小孩经常需要在家上网课。周英需要在家照顾小孩的起居、饮食和娱乐	简介	负担家庭的经济责任，个人生活比较自律、节俭。平时在家时，喜欢在客厅或卧室自己消遣，较少与孩子有互动
需求	1. 使起居室的环境更加有条理，接受智能化。 2. 孩子的学习方式多种多样，不限于手机、电脑。 3. 更方便的收纳方式，物品分类清晰	需求	1. 茶几的功能更加多样。 2. 有利于营造适合孩子学习的氛围

共同需求

1. 饮食健康。
2. 环境卫生。
3. 生活相对具有品质感。
4. 寻找更多与孩子的互动方式，让孩子尽量远离电子屏幕。

图4-49 智能汽车语音助手的使用场景故事板图

---

① 王欣慰，李世国. 产品设计过程中的故事板法与应用 [J]. 包装工程，2010，31（12）：69-71+83.

4.2.3.4 交付阶段的评估性研究方法

随着智能技术在产品开发中得以深度应用,传统交互设计评估方法难以满足现阶段设计要求,因此基于大数据、人工智能等技术的评估方法得以出现。为避免由于主观评价法的偏差并提高评价效率,学者们研究并提出针对智能时代产品设计的评价方法[①]。同时,应用智能技术的产品其技术原型开发周期通常较长,因此便需要在开发初期对潜在的设计方案进行快速、高质量的评估,所以便催生出了一系列快速评估方法。以下将分别介绍多目标决策评价方法和绿野仙踪测试法。

多目标决策方法(Multiple Criteria Decision Making,MCDM)是一种侧重于逻辑与算法的多目标评估方法,它是将评估对象分解为多维度、多目标的多目标指标,从而构成一种综合评估的系统机制。多目标决策评价方法框架下包含很多方法,其中较常见的有:层次分析法(Analytic Hierarchy Process,AHP)、层次网络分析法(Analytic Network Process,ANP)、灰度关联方法(Grey Relation Analysis,GRA)、优劣解距离法(Technique for Order Preference by Similarity to Ideal Solution,TOPSIS)、多准则妥协解排序法(Vlsekriterijumska Optimizacija I Kompromisno Resenje,VIKOR)等。在很多时候,单一的评估方法无法取得理想的评估结果,因此,学者们针对这一问题,提出了不同的评估模式,将不同的评估模式结合起来,以获得更完美的评估结果。

绿野仙踪测试法(Wizard of Oz Method)是一种有策略的测试研究方法,源于早期基于自然语言的产品交互研究。在这类测试中用户进行交互的界面并非完全开发的交互系统,而是由幕后工作人员进行操作控制,进而达到模拟真实交互的效果。该方法的命名参考了弗兰克·鲍姆(Frank Baum)的《绿野仙踪》读物(The Wonderful Wizard of Oz)。一般来说,当产品所应用的交互技术过于昂贵,或需要缩小研究问题范围时,绿野仙踪测试法便很适合。交互界面的设计者可以用此方法评估交互界面的效用,探索交互系统的局限性,并在投入资源构建完整技术解决方案之前,发现用户可能向系统做出的交互输入方式。

4.2.4 智能硬件产品的交互设计工具

4.2.4.1 人机工程软件

(1)JACK

JACK是一款人因工程和人体仿真软件,可以帮助用户在数字环境中创建和分析虚拟人体模型,评估工作环境的安全性、效率和舒适度。JACK基于Linux系统的ALSA音频服务程序,提供高性能、低延迟的音频回放和录制支持。JACK软件可以应用于各种领域,如产品设计、工业工程、医疗保健、运动科学等。JACK需要在Windows个人电脑上安装,学生可以免费下载学生版。

(2)DELMIA

DELMIA(Digital Enterprise Lean Manufacturing Interactive Application)(图4-50)是法国达索公司出品的一款数字化企业的互动制造应用软件,可以在制造过程早期阶段帮助设计师对人机交互和工作流程进行分析、优化。该软件针对用户的关键性生产工艺,提供全面的制造业解决方案,其优势在于与Catia无缝集成。除了面向人机工程分析的Human模块之外,还包括面向制造过程设计的DPE、面向物流过程分析的QUEST、面向装配过程分析的DPM、面向机器人仿真的Robotics、面向虚拟数控加工方针的VNC。因此,DELMIA软件的使用门槛较高,很难上手。

(3)ViveLab

ViveLab Ergo(图4-51)是一款基于云的人体工学模拟软件,可以在三维虚拟环境中创建和编辑精确

① 罗仕鉴,龚何波,林伟. 智能产品交互设计研究现状与进展[J]. 机械工程学报,2023,59(11):1-15.

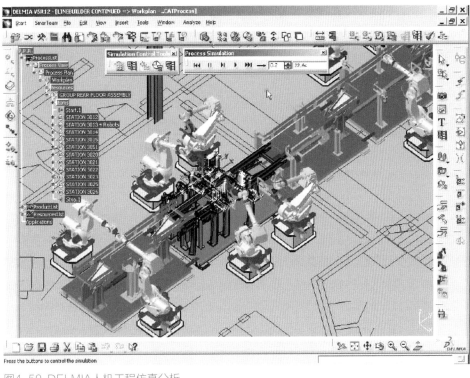

图4-50 DELMIA人机工程仿真分析

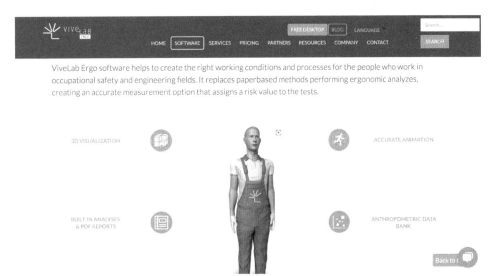

图4-51 ViveLab Ergo人机工程仿真分析

的数字人体模型，进行多种人因分析，如可视性分析、可达性分析、舒适度分析等，评估人体姿态和运动的健康影响，并生成分析报告。

4.2.4.2 人工智能辅助人机工学研究

人体模型驱动的产品设计方法对人机工程设计是有效的。这种设计方法提高了设计师的工作效率，使设计师可以集中于设计概念而不是琐碎的建模工作，而模型的可靠性则依靠固化在程序内部的人机工程设计原则来保证。

（1）穿戴设备和人工智能在人机工程学方面的结合应用

人体工效学主要研究人体特征与身体活动的关系，它涉及工作姿势、材料处理、重复性动作、肌肉骨骼疾病、工作场所布局等主题。

可穿戴设备的技术创新提供了自动检测身体压力的可能性（图4-52）。这种方法具有最小的侵入性，适用于复杂的职业情况。此外，通过传感器进行的连续和情境相关的测量，整合了工人的运动行为和执行技术，为研究它们与效率、生产力和工作安全的关系提供了可能性。

（2）智能动作捕捉技术

动作识别是人体姿态评估的一个关键问题。姿势和动作的记录可以帮助预防工作场所的肌肉骨骼损伤，但传统的动作捕捉系统需要特殊的设备和环境，不适合在野外使用。微软的Kinect传感器（图4-53）是一种低成本、便携、无标记的动作跟踪系统，可以用于人类活动识别的研究。与传统的动作捕捉系统相比，它更便宜、更方便，也没有皮肤标记。

4.2.4.3 模块化开源硬件

开源硬件，即OpenSource Hardware，是可以通过公开渠道获得的硬件设计，可以对已有的设计进行学习，修改，发布，制作和销售。开源硬件为用户提供技术自由的同时，还鼓励知识共享与交流[1]。

Arduino（图4-54）最初是一款基于AVR单片机设计的，使用者即使没有相关基础知识也能够快速上手，深受广大电子爱好者的喜爱。基于Arduino，又衍生出了非常多的开源硬件产品，如被现在广泛采用的FDM堆积成型3D打印技术控制板RAMPS及其相关程序固件Marlin还有基于Arduino的3D打印控制板等[2]。

树莓派（图4-55）是一款基于ARM的微型电脑，可以运行如Ubuntu等Linux系统，目前版本的树莓派已是一款拥有4GBRAM，1.5Ghz运行的64位四核处理器的微型电脑硬件产品，已成为世界第三大的计算平台。

图4-52 通过可穿戴设备自动检测身体压力

图4-53 微软的 Kinect传感器

图4-54 Arduino

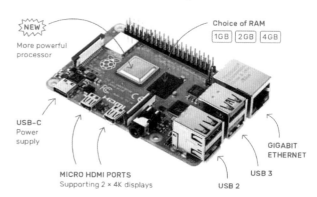

图4-55 树莓派

① 井仁仁. 开源硬件对技术教育发展的影响研究［D］. 南京师范大学，2018.
② 付孟林，姚圣男，殷倩如，等. 基于Arduino的分布式智能家居安防系统设计［J］. 电子世界，2019（09）：188-189.

STM32（图4-56）是意法半导体（STMicroelectronics）推出的一系列基于Arm Cortex-M内核的32位微控制器（MCU），具有高性能、实时功能、数字信号处理、低功耗和连接性等特点，适用于各种应用领域，如物联网、智能家居、智慧城市、智能制造等。STM32提供了丰富的外设和接口，如USB、CAN、Ethernet、SDIO、LCD、摄像头、AES加密等，以及多种存储器类型，如Flash、RAM、EEPROM等。STM32还支持多种开发工具和软件，STM32是一款功能强大、易于使用、灵活多变的微控制器，是当今最受欢迎的MCU之一。

4.2.4.4 代码编程工具

Matlab（图4-57）是一款由美国MathWorks公司开发的商业数学软件，它的名称是Matrix Laboratory的缩写，意为矩阵工厂或矩阵实验室。它的主要功能是进行矩阵运算、数据分析、可视化、算法实现、用户界面设计等，它的指令表达式与数学、工程中常用的形式十分相似，使得编程更加简便高效。它广泛应用于科学计算、工程设计、深度学习、图像处理、信号处理等领域，为各种复杂的数值问题提供了全面的解决方案。它与Mathematica、Maple并称为三大数学软件。

TensorFlow（图4-58）是一个端到端的开源机器学习平台，它可以满足不同用户的需求，还支持用户在任何环境和设备上轻松地训练和部署模型。用户可以将模型运行在服务器、边缘设备、浏览器、移动设备、微控制器等设备和平台上，也可以利用 CPU、GPU、TPU 等不同的硬件加速你的模型。

Arduino编译器（图4-59）是一种可以将Arduino代码转换为适合不同Arduino板的机器语言的程序，它是Arduino IDE（集成开发环境）的一部分。Arduino IDE是Arduino团队提供的一款专门为Arduino设计的编程软件。

图4-56 STM32

图4-57 Matlab

图4-58 TensorFlow

图4-59 Arduino编译器

思政训练项目

中国"双碳"目标的提出，在国内国际社会引发关注。"碳达峰"是指二氧化碳的释放量呈抛物线，抵达顶点后开始下降；"碳中和"是指使二氧化碳排放量收支相抵，起到中和目的。请结合我国的"双碳"目标，收集分析可持续设计理念相关的产品案例，并应用本章提到的数智化交互设计工具尝试进行可持续设计实践。

5

一 产品测试
与体验度量

5.1 数智时代下的用户体验

"用户体验（User Experience，UX）"一词由唐纳德·诺曼（Donald Norman）在 1995年提出。这个概念的原意是超越"人机界面"和"可用性"的概念，与作为人与系统交互结果的体验有关。1996年，在《定义有效交互设计的标准（Defining the Criteria for Effective Interaction Design）》这本书中，Alben将用户的感受作为重点，强调产品使用期间带给人的美学愉悦和感官满意，并将其总结为体验的美学品质（Aesthetic Quality）。后来的修订拓宽了这一定义，包括情感和行为因素，嵌入了"使用的乐趣"和"拥有的乐趣"的理念。随后，用户体验一词开始逐渐代替可用性，作为概括用户在与产品动态互动中的多方面整体感受。在《体验经济（The Experience Economy）》中 B. Joseph Pine II和James H. Gilmore将体验描述为独立于百货商品和服务的新的商品形态。ISO 9241—210标准将用户体验定义为"人们对于针对使用或期望使用的产品、系统或者服务的认知印象和回应"，其融合了在大多数 UX 定义和解释中反复出现的重要方面：即用户体验、感知（情绪、偏好、行为和成就等）及用户、系统和使用环境。

用户体验是一个复杂而动态的概念，受到系统、用户和使用环境的影响，且在智能时代的发展下仍然持续演进，在不同阶段有不同的解读与发展。表5-1描绘了用户体验相关研究在不同科技语境下的转变历程。通过对用户体验发展的整体概述和阶段划分，我们可以看到用户体验在不同时代的演变和变化趋势。

表5-1 用户体验的发展历程

阶段	第一阶段	第二阶段	第三阶段
时间	1980后期—2000中期	2000中期—2015	2015—至今
平台	个人电脑，互联网	移动互联网，智能手机，平板电脑	AI，大数据，云计算，5G网络，区块链
主要领域	互联网，电商零售，个人电脑应用	移动互联网，消费/商业互联网，APP	垂直行业（智能医疗、家居、交通、制造等），物联网，工业互联网，机器人，无人驾驶，虚拟现实，企业ERP等
用户需求	产品功能性，可用性	用户体验，安全	智能化，个性化，自主权，情感道德，技能成长等
用户体验内容	可用性	用户体验（包括可用性）	用户体验+创新设计
人机界面	图形用户界面，显示化	触摸屏	自然化（语音、体感交互等），多模态，智能化，隐式化，虚拟化

5.2　用户体验度量的维度

在20世纪70年代，在计算机科学领域首次提出可用性这一概念。随着人机交互研究不断深入，如今的可用性相关内容已经得到了各行各业的广泛认可。

Nielsen将可用性的具体测量指标定义为易学性、交互效率、可记忆性、错误频率和用户满意度[1]。Hartson认为一个易用的系统在没有满足用户需求的功能时，是没有价值的。有用性可能是可用性的主要因素，同时，对于新手和普通用户来说，它还包含了易学性和易理解性[2]。

1999年，ISO 13407指出，"交互式系统以人为中心的设计过程"是一个为以用户为中心的设计提供指导的标准。该标准还可以评估和认证一个产品在开发过程中是否采用了以用户为中心的方法和流程，其在原则、计划和活动的层面上描述了可用性[3]。ISO 9241-11中可用性的定义得到了广泛的认可："产品在特定使用情境下被特定用户用于特定用途时所具有的有效性、效率和用户主观满意度"。"有效"指的是用户能够准确且完整地实现特定目标；"效率"指的是用户在实现目标时相关资源的消耗，包括时间、智力、体力、材料或经济资源；"满意度"则描述了用户对产品的舒适度和认可度，表现为积极使用产品并摆脱不适感[4]。在数智时代背景下用户体验设计师仅仅通过关注可用性、实用性和交互美学来改善用户体验已远远不够。随着技术进步，需要评估的参数越来越多，以至于无法通过用户实验观察者的笔记或人工填写问卷进行研究。同时，智能环境对用户体验评估提出了新的挑战，如交互方式的更新：从一对一到多对多交互逐步升级，从"人-物"交互拓展到"物-物"交互等。

5.2.1　可用性

国际标准化组织（ISO9241-11）把可用性定义为"特定使用情境下，特定的用户完成特定的目标时，产品所表现出来的效果、效率和令人满意程度"。可用性通常包含两个方面：绩效和满意度。

绩效是指用户使用产品过程中与产品的所有交互或操作的效果和效率。它涉及测量用户成功完成任务或任务序列的程度。包括任务完成所需的时间以及在此过程中付出的努力（例如鼠标点击的次数或认知努力）、错误次数以及易学性（成为熟练用户所需的时间）。对于许多产品和应用程序来说，绩效测量至关重要，特别是对于那些用户无法选择使用方式的产品（例如企业内部应用软件）。如果用户在使用产品时无法成功完成关键任务，那么该产品很可能会失败。满意度与用户使用产品时所产生的感受和想法息息相关。用户可能会表述产品是否容易使用、是否令人困惑或超出他们的预期。他们可能会觉得产品在视觉上吸引人或不太可信赖。用户的满意度涵盖多个方面。满意度以及其他用户自我报告的可用性度量对于用户有多种选择的产品尤其重要，尤其是对于大多数网站、软件和消费类产品。

可用性测试是一种典型的任务导向性研究方法，它的步骤主要是通过邀请代表性的用户使用设计原型或产品来完成指定的操作任务，并观察、记录整个过程来进行用户操作行为的偏向性观察。通过分析典型用户行为和相关数据，有助于评估产品的可用性。常见的可用性测试使用场景包括前期开发阶段的产品测试，使

① NIELSEN J. Usability Engineering [M]. Amsterdam: Morgan Kaufmann, 1993.
② HARTSON H R. Human - Computer Interaction: Interdisciplinary Roots and Trends [J]. Journal of Systems and Software, 1998, 43 (2): 103-118.
③ 中国标准研究中心. 以人为中心的交互系统设计过程 [M]. 北京: 中华人民共和国国家质量监督检验检疫总局, 2003.
④ JOKELA T, IIVARI N, MATERO J, et al. The Standard of User-Centered Design and the Standard Definition of Usability [C/OL] //Proceedings of the Latin American Conference on Human-Computer Interaction. 2003. DOI: https://doi.org/10.1145/944519.944525.

用可用性测试发现问题做设计改进；上线后产品体验评估与产品行业效果评估，产品对标行业竞品的整体效果评估或方案的对比评估与选择①。

在数智时代，可用性测试的目标是通过更智能、自动化的方法来提供更全面、客观的评估结果。人工智能技术可以通过大规模的数据分析和模式识别，帮助设计师发现潜在的可用性问题，并提供定量化的指标和洞察。例如，利用机器学习算法可以识别用户在使用应用程序时遇到的界面问题、交互障碍和响应时间延迟等。这种自动化的测试方法可以节省时间和资源，并提供更准确、可靠的测试结果。研究人员正在利用人工智能技术来评估数字界面的可用性，比如利用用户交互事件来创建机器学习分类器，以检测Web站点、移动应用程序和虚拟现实应用程序中的可用性问题②。人工智能在可用性测试中的应用还需要与人的专业知识和判断相结合。虽然人工智能可以提供自动化的分析和评估，但它并不能完全替代人的主观判断和决策。用户体验专业人员的专业知识和直觉在解释和理解测试结果方面仍然是不可或缺的。

5.2.2 情感体验度量

在产品可用性评估中，产品绩效是核心评估维度，而用户在使用过程中的情感体验相关因素常常被满意度或者愉悦度等度量指标笼统概括。虽然在可用性测试的范畴中，用户满意度和愉悦度可以被视为一种感性层面的用户体验维度，但是这个维度的用户体验度量在当下人文及技术情境下，已经难以为产品或服务设计提供全面的用户体验洞察。当交互场景从图形界面拓展到基于智能硬件的复杂用户体验场景时，更为细腻的用户情感体验探索开始越来越受到重视。近些年来，从业人员已经从仅仅关注用户的使用效率转向了用户情感体验。情感体验已然成为用户体验的重要维度。无论在工业界还是在设计研究领域，产品或服务的情感属性越来越成为用户体验研究的重点。在好用、易用的基础上，能够带来幸福感的设计是当下人类生活中的极致追求。享乐，美学与价值是目前用户情感体验度量中常用的三个指标③。

从苹果公司最新推出的头显设备Apple vision Pro和其他VR头显设备的对比中可以感受到，基于用户情感体验的理念如何辅助产品设计（图5-1、图5-2）。它具备的Eyesight功能可以令用户在沉浸体验的同时保持与他人正常的社交互动。当有人靠近用户时，Vision pro会同时让用户看到对象的同时向他们展示用户的眼睛以便于交流。这项功能是基于相关产品中，用户在使用类似头显产品中常常感受到与外界的"隔离感（Isolated）"而设计的，这项功能无疑拓宽了VR设备的应用场景。

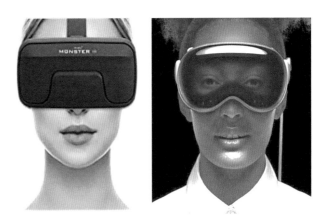

图5-1 普通VR设备与Apple Vision Pro设备不同的"社交连接"比较

情感是人对一个事物直觉上的评价过程，有时评价为好的、有益的、感觉想接近的；有时评价为不好的，感觉想远离的。情感评价理论指

① ALBERT W, TULLIS T S. Measuring the User Experience: Collecting, Analyzing, and Presenting UX Metrics [M]. Cambridge: Morgan Kaufmann, 2022.
② GRIGERA J, GARRIDO A, RIVERO J M, et al. Automatic Detection of Usability Smells in Web Applications [J]. International Journal of Human-Computer Studies, 2017, 97: 129-148.
③ HASSENZAHL M. The Effect of Perceived Hedonic Quality on Product Appealingness [J]. International Journal of Human-Computer Interaction, 2001, 13 (4): 481-499.

出，情感的产生是用来评价某一事件的个人意义。情感评价理论侧重于个人对情感的主观解释，而神经科学及社会心理学界也认为，情感或者情绪会先于情感的认知过程出现，同时与情感的认知过程互相影响。Mahlke认为用户体验主要由两种要素构成，一种是与认知相关，另一种与情感相关，两部分是平行的关系，但是情感的要素要比认知要素出现的更早。Mahlke结合Scherer关于情感多元成分理论，将生理反应、动机表达、主观感受、认知评价、行为趋势作为情感体验的主要成分。在Mahlke的情感体验模型下，许多研究人员开始采用生理信号测量手段对情感体验进行评估，尤其是测量先于情感认知的情感体验变化。本小节将从情感的认知角度和情感的生理测量角度解释用户情感体验的测量方法。

5.2.2.1 基于情感认知的测量方法

该方法基于用户对自身情感体验的认知，以语言、图形作为外显化方式，捕捉用户的想法、态度的主观评价方法。这种数据采集方式属于自我报告式数据收集方法。

语义评估式度量工具是通过问卷或者访谈让用户利用形容词表达自己对于产品的感性认知。这种方法是最为简便快捷的用户情感测量工具。其中，最典型的就是语义差异法（Semantic Differential Scale）。这是美国心理学家Charles E. Osgood 开发的一种态度测量技术。研究者为探究机器人作为人类工作伙伴的前提下，人在与机器人互动时所能够感受到的人性气息与和人类对机器人的接纳度的关系，编制了语义差异法量表（图5-3）。

李克特量表也是一种经典的量表编制方法，可以运用在情感体验评估中。李克特量表的编制中，每项需要用陈述句来描述一种情感体验，例如，与小爱同学的对话让我感受到它的亲和力。该量表通常会使用5点或7点来表示同意这句陈述的程度，1点表示一种观点，5点表示与之相反的观点。

自行编制的量表需要测量其信度和效度。信度分析主要是用来检查量表的各项评价条目在不

图5-2 佩戴Apple Vision Pro在办公室场景的社交体验

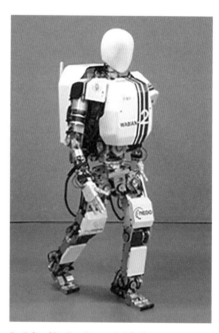

感知人性:你如何看待机器人的动作?

人工的	1	2	3	4	5	自然的
合成的	1	2	3	4	5	真实的
无生命的	1	2	3	4	5	鲜活的
人造的	1	2	3	4	5	像人类的
机械运动	1	2	3	4	5	生物运动
不明确的	1	2	3	4	5	伦理的

图5-3 语义差异法量表

Emotion		-4	-3	-2	-1	0	1	2	3	4	Emotion	
Angry	(愤怒的)										Activated	(有活力的)
Wide-	(清醒的)										Sleepy	(困倦的)
Controlled	(被控的)										Controlling	(主控的)
Friendly	(友好的)										Scornful	(轻蔑的)
Calm	(平静的)										Excited	(激动的)
Dominant	(支配的)										Submissive	(顺从的)
Cruel	(残忍的)										Joyful	(高兴的)
Interested	(感兴趣的)										Relaxed	(放松的)
Guided	(被引导的)										Autonomous	(自主的)
Excited	(兴奋的)										Enraged	(激怒的)
Relaxed	(放松的)										Hopeful	(充满希望
Influential	(有影响力)										Influenced	(被影响的)

图5-4 PAD量表

同被调查者之间回答的稳定性。效度是指测量工具或手段能够准确测出所需测量的事物的程度。

除了根据不同的评估目标自行编制量表以外，设计师或研究者还可以使用一些由专家编制好的成熟量表，例如PANAs（Positive and Negative Affect Schedule）积极情感消极情感量表。PANAs量表通过使用户积极消极情感词汇与等距尺度结合的形式，用来测量人在不同时间不同地点的情感体验状态，具有较好的信效度。PAD（Pleasure-Arousal-Dominance）量表通过愉悦、唤醒和支配三个维度形成立体坐标来描述情感（图5-4）。基于PAD情感模型，Mehrabian等人编制了PAD情感量表，用于测量情感值。

5.2.2.2 图形化度量工具

图形化的评价工具相较于语义评价方式更为直观，能够进行跨语言、文化以及年龄的情感体验度量。尤其对于儿童用户体验的度量，图形化评价方式更为适用。

SAM（Self-Assessment Manikin）自我评价模型是基于PAD模型，将愉悦、唤醒和支配三个维度进行可视化，从而形成的图形评价方法（图5-5）。第一个维度，愉悦度利用表情图片从开心到不开心渐变来代表情感的效价。第二个维度，从张大眼睛兴奋到闭眼平静代表唤醒度。第三维度，利用图形的大小来表达此种情感的支配度。

Premo（Product Emotion Measurement Instrument）是一种产品情感度量工具（图5-6）。荷兰代尔夫特大学的Desmet教授致力于研发图形化情感体验评价工具，他认为有时候人们很难用准确的词汇去描述自己的情感体验，业界需要图形化且更加鲜活的度量方式，以便用户能够更加精准的报告自己的感受[①]。Premo工具使用了卡通人物表情、动作和拟声来描绘14种情感体验。用户通过选择相应的人物图标来表达自己与产品交互后的情感体验。

089

---

① DESMET P, OVERBEEKE K, TAX S. Designing Products with Added Emotional Value: Development and Application of an Approach for Research Through Design [J]. The Design Journal, 2001, 4（1）: 32-47.

开心的　　　　　　　　　　　　　　　　　　　　　　　　　　　不开心的

激动的　　　　　　　　　　　　　　　　　　　　　　　　　　　平静的

情感可控的　　　　　　　　　　　　　　　　　　　　　　　　　情感失控的

图5-5　SAM自我评价模型

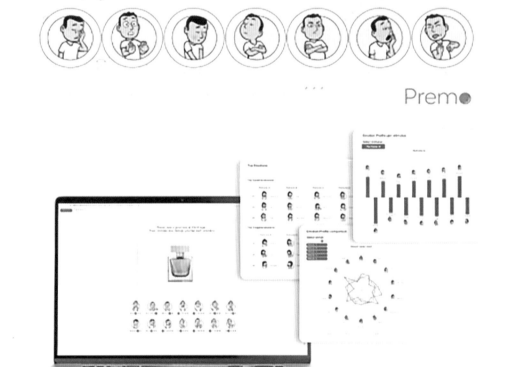

图5-6　Premo工具及其使用场景

5.2.2.3　基于生理反应测量方法

基于用户生理反应的测量方法原理是用户的情感变化会通过人的中枢神经或者与之相关联的神经活动所引发的人类脑电、血压、心跳、瞳孔等生理指标的变化（图5-7）。利用相关仪器设备对这些指标进行测量，能够排除用户个人因素的干扰，获取比较客观的反馈。测量方法包括脑电测量方法（EEG）、核磁共振（fMRI），心率变异性（HRV）和面部肌电（EMG）等。IBM曾研发出一种可以测量情感的鼠标，通过各种传感器的设置获取用户的生理信号。另一部分关于情感的研究关注人类表情的变化，通过捕捉表情来获取情感变化的相关数据。

相较于自我报告式的方法，生理信号可以为用户情感体验度量提供更加客观的信息维度。但是基于生理测量的方法需要借助昂贵且体积较大的仪器，通常需要在实验室环境进行，用户身体表面需要附着大量的电极贴片，多数设备需要用户在静态下进行测试，

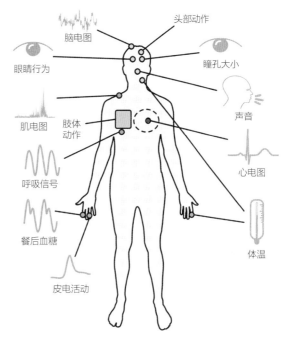

图5-7　与压力相关的常见生理和物理指标

不适用于与产品有动态交互的场景下。因此，基于生理信号的测试目前仅适用于高校、科研院所中进行的学术性研究。

5.3　用户体验度量方法与工具

5.3.1　基于用户行为观察的方法与工具

5.3.1.1　非参与式观察法

在使用非参与式观察法的过程中，设计师通常会来到用户真实的产品使用场景，去观察用户如何在真实场景中与现有产品进行互动。例如，研究者在茶水间对用户使用吸管和杯子的场景进行观察，通过对用户使用历程的观察和情感体验评估发现设计机会（图5-8）[1]。

为了更精确地捕捉用户体验相关内容，设计师必须在观察前确定好观察结构，从而确保观察不同的用户或者不同的研究人员进行观察任务时都能够精准地捕捉到研究需要的用户信息。设计师也可以运用与度量目标相关的、成熟的观察工具，例如POEMS框架。

POEMS 框架最早由Kumar和Whitney于2003年提出，可在设计初期调研中评估用户体验[2]。它的主要目的是指导观察用户行为并且提供记录结构。其中，P代表People，即被观察者；O代表Object，指观察时看到的物体；E代表Environment，指观察内容所处的环境；M代表Message，指观察者事件过程中，可能

① DESMET P, XUE H, XIN X, et al. Emotion Deep Dive for Designers: Seven Propositions That Operationalize Emotions in Design Innovation [C] //Proceedings of the International Conference on Applied Human Factors and Ergonomics. 2022: 171-172.

② KUMAR V, WHITNEY P. Faster, Cheaper, Deeper User Research [J]. Design Management Journal, 2010, 14（2）: 50-57.

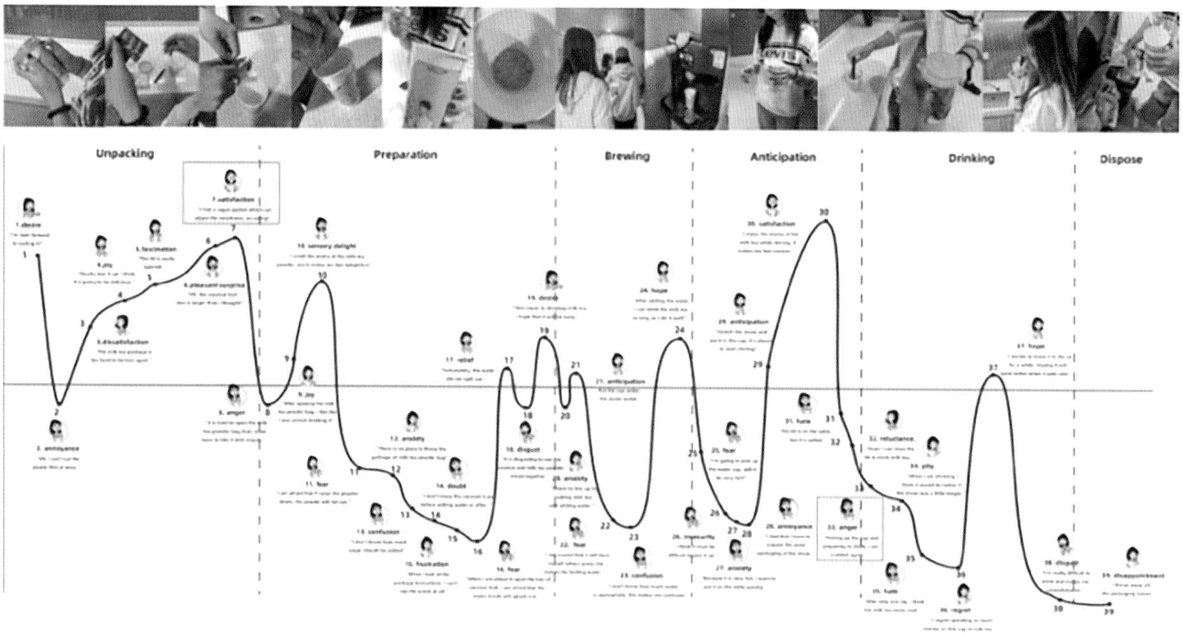

图5-8 设计初期的用户体验研究

被观察者	物体	环境	信息	服务
列出主要的人群。	列出人员使用的对象和填充环境的对象。	描述周围环境。主要特点是什么?	传递的信息或对话是什么?如何传递?	列出所提供的服务。列出可供人们使用的服务。

图5-9 POEMS评估框架样例

相关的信息；S代表Service，指被观察者在事件中，可能涉及的服务。POEMS框架的优点是可以提供全面、系统性的用户体验评估框架，同时可以帮助评估者更好地了解用户需求和行为（图5-9）。其缺点则在于框架的复杂性和主观性，需要评估者具备一定的专业知识和经验。

5.3.1.2　参与式观察法

参与式观察法可以直接了解用户的真实需求和使用场景，有助于设计团队更准确地把握用户需求，改进产品设计。增强用户对产品的参与感和归属感，提高用户满意度。但参与式设计也有一定的限制，比如对一群人或事件的记录观察永远不会是完整的描述，这是由于任何类型的可记录数据过程的选择性：它不可避免地受到研究人员个人信念的影响。这也体现在对收集到的数据的分析中，研究人员的世界观总是影响他或她如何解释和评估数据。另外，研究人员可能无法准确捕捉到参与者的意思，误解参与者的话的含义，从而对参与者的看法作出不准确的概括。

参与式观察不仅仅是指观察者出现在现场并将事情写下来。相反，参与观察是一种包含许多组成部分的复杂方法。大多数参与观察研究需要经过四个阶段：建立融洽关系或了解人们，沉浸在现场，记录观察结果以及整合收集到的信息。研究人员需要去现场与人群建立联系，并通过反思性日志记录他们对研究主题的个人感受。在这种情况下，由研究人员决定记录和观察什么。研究人员进行研究时，必须意识到自己作为观察者和分析者的角色可能带入个人偏见，并在进入研究时不要误以为不会将任何主观性带入数据收集过程[①]。26岁的工业设计师帕特里夏摩尔将自己乔装打扮成80多岁的老妇人模样，并模仿老年人的行为能力，从1979年到1982年期间在100多座城市中亲身体验老年人的行为（图5-10）。在这个过程中，设计师成为生活在城市中的老年人的一员，并融入城市中的各类活动中，从而真切感受到老年人在社会生活中遇到的各种问题。

图5-10 工业设计师帕特里夏摩尔将自己乔装打扮成80多岁的老妇人模样

　　传统方法如非参与式观察法和参与式观察法在数据收集过程中存在主观性和偏差，并且需要较高的人力成本。然而，数智时代下的新工具能够利用人工智能技术实现数据的客观、准确和实时分析。比如，基于人工智能的行为分析工具、利用机器学习和数据挖掘等人工智能技术，对用户行为数据进行自动分析和模式识别。在表5-2中，对于数智化和传统的行为观察进行了对比。

　　数智时代下，新工具的优势体现在多个方面。首先，它们提供了更客观、准确和实时的数据分析结果，减少了主观偏见和人为误差的影响。其次，数智时代下的工具具备高效的数据收集和分析能力，实现了快速、全面的用户行为观察和洞察。这减少了人力成本和时间成本，提高了数据收集和分析的效率。此外，数智时代下的工具还能够深入分析用户的情感状态和认知过程，从多个维度获得全面的用户洞察。

表5-2　传统与数智化的基于用户行为观察的方法与工具的对比

观察类型	传统行为观察	数智化行为观察
方法	非参与式观察法和参与式观察法	非参与式观察法和参与式观察法
工具	POEMS框架、行为记录表、问卷调查等	人工智能的行为分析工具，如Google Analytics、情感分析工具如IBM Watson等
数据特点	依赖人工记录和解释，受限于人的主观判断和观察能力，容易出现主观偏差，数据收集和分析速度较慢	数据自动收集、处理和分析，依赖人工智能技术实现数据的客观、准确和实时分析，可以更全面、深入地了解用户行为和情感状态，数据收集和分析效率更高

5.3.2　基于用户自我报告式的方法与工具

5.3.2.1　访谈

　　访谈是一种基于用户自我报告的用户体验度量方法，通过与用户面对面的交谈来获取用户对产品的主观感受和体验（图5-11）。在访谈过程中，研究人员会与用户进行深入对话，了解他们对产品的使用体验、喜好、需求和挑战等方面的反馈。访谈方法的核心是基于产品典型用户执行一系列任务。这些任务通常是设计

---

① STACEY J. Hard Living on Clay Street: Protraits of Blue Collar Families [J]. Contemporary Sociology，1996，25（4）：459.

师或研究人员预先设计好的，旨在测试产品的功能和易用性。用户被要求在访谈过程中实际操作产品，尝试完成各种任务，并时刻提供他们的想法和反馈。这些任务可能涉及产品的不同功能和交互场景，以全面了解用户对产品的使用体验。

访谈方法的优点在于它提供了深入的洞察和详细的用户反馈。通过面对面的交流，研究人员可以直接与用户互动，深入了解他们的需求、偏好和体验。此外，访谈还可以根据实际情况进行灵活调整，进一步探索用户的思维过程和情感体验。但是访谈依赖于用

图5-11 访谈现场

户的自我报告，存在主观性和回忆偏差的问题。用户可能无法准确地表达自己的体验或记忆细节。其次，访谈需要消耗较多的时间和资源，并且访谈方法还会受到研究人员主观影响，可能存在解释偏差或个人偏好干扰。

5.3.2.2　卡片分类法

卡片分类法是一种非常简单的技术，即用户根据自己的理解把卡片上的信息进行归类，是用户体验常用的设计方法之一。研究参与者根据个人标准对记事卡上的个人标签进行分组。这种方法旨在了解人们会把信息划分成什么类别，如何梳理信息之间的关系，以及如何描述被划分的信息。这种方法揭示了目标受众的领域知识如何建构，并用于创建符合用户期望的信息架构。

卡片分类方法有几种不同的类型。第一种是开放式卡片分类。这种方法要求用户将卡片组织成他们认为适合他们的组，然后用最能描述该组的标签来命名他们创建的每个组。这种方法通常被用于新的或现有的信息架构或在站点上组织产品。第二种是封闭式卡片分类，即向用户提供内容卡和类别卡，并要求用户将卡放在这些给定的类别中。当在现有网站中添加新内容或在开放式卡片分类后获得第二轮见解时，通常会使用此方法。第三类是远程卡片分类，在进行远程卡片分类会话时，用户将使用自己的计算机独立工作，对在线软件工具提供的卡片进行分类。一些最常见的在线软件工具有Optimal Sort、Simple card sort和Usabilitest，这些在线软件工具提供了多种分析数据的方法。

卡片分类的优点是既简便，成本又低，可以快速进行研究并从用户那里返回结果，尤其是在远程进行会话的情况下。但卡片分类的结果可能会因用户的差异有所不同，即结果会受取样的代表性影响。另外，研究人员可能会只考虑到信息表层的分类而忽略信息对应的实际任务情景。

5.3.2.3　焦点小组

焦点小组是一种结构化的访谈方法，由专业主持人引导讨论，旨在深入了解用户偏好和用户使用经历等体验（图5-12）。在产品开发初期或者产品设计改进时，常采用使用焦点小组访谈。它的优势是可以在短时间内集中收集目标用户的详尽个人体验陈述资料，效率较高。在使用焦点小组的时，可以根据研究人员的目标来决定焦点小组的类型。探索型焦点小组能够获得人们对特定的问题或者话题的普遍态度，例如用户会用什么样的词汇描述某种体验，会如何理解以及评价某种事物。例如，宜家在开发网上商城的时候，可以通过线下焦点小组的形式去了解用户如何把线下购物的历程移植到线上商城的购物中。

5.3.2.4　日记法

日记法会发放模版日记给相关用户，日记上通常会设计与研究目的相关的问题，或者给定模板样式，

图5-12 焦点小组的组织形态

让用户根据自己实际情况填写。日记可以记录目标人群与现有产品或服务的互动，记录用户进行某项活动的流程。例如目标设计一款孕期辅助产品，可以让孕妇用户记录怀孕到生产的历程。日记的形式较为灵活，没有特定的格式和规则。研究人员需要根据自己的研究目的来设计相应的日记呈现格式，以获得相关的用户信息的输入。

随着手机、相机等便携型数码产品的普及，越来越多的研究人员开始设计电子日志，或通过让目标用户录制影像日志（Vlog）（图5-13）的方式来获取用户数据。日记收集后还需要伴随访谈，以清晰地理解用户的目的和意图。

5.3.2.5 问卷法

问卷法是一种定量研究方法。一个好的问卷设计首先必须明确调查目标，在这个调查目的下，确定问卷的条目类别。

一般问卷中主要包含以下三种类型的问题：第一种是特征类问题。特征类问题能够获取用户群体的特征，例如人口统计学问题。第二种是行为类问题。行为类问题用来描述用户在某种情境下可能有的行为表现。第三种是态度类问题。态度类问题能够尽可能探究用户对事物的想法、态度和认同，例如您对哪些功能满意并且愿意向朋友介绍。

图5-13 日记法记录现场

在数智时代下，基于用户自我报告式的方法和工具得到了更新和提升。在表5-3中，我们对传统方法和数智化的方法进行了对比。传统方法如访谈、焦点小组和问卷调查存在主观性和回忆偏差等问题，而数智时代的新方法利用自然语言处理、情感分析和大数据分析等技术，提供了客观、实时和准确的用户数据分析。传统的录音设备和调查问卷法逐渐被线上工具所取代，如文本分析工具Natural Language Toolkit（NLTK）、在线调查平台SurveyMonkey和社交媒体监测工具Hootsuite。数据收集和分析的效率因此得到了提高。数智时代下的方法和工具能够处理大规模的用户数据，提供全面、深入的用户洞察，为用户体验研究和产品优化提供更好的支持和指导。

表5-3 传统与数智化的用户自我报告对比

自我报告类型	传统用户自我报告	数智化传统用户自我报告
方法	访谈、卡片分类法、焦点小组、日记法、问卷法等	自然语言处理和情感分析、在线调查和反馈、社交媒体分析等
工具	面对面访谈录音设备、卡片和标签、调查问卷等	文本分析工具如Natural Language Toolkit（NLTK），在线调查平台如SurveyMonkey，社交媒体监测工具如Hootsuite等
数据特点	主要依赖用户的主观报告，容易受到回忆偏差和表达不准确性的影响，数据收集和分析过程相对较慢	自动提取和分析用户在文本、调查和社交媒体等渠道上的言论和反馈，实时获取大规模的用户数据，增加数据的客观性和实时性

5.3.3　基于用户交互行为的可用性测试

　　智能环境对用户体验的评估提出了新的挑战。这些挑战涉及交互的本质，从显式到隐式，包含了新的交互方法，从一对一到多对多交互逐步升级。与此同时，智能环境除了"人-物"交互之外，还包括"物-物"交互，这引发了学者们对冲突解决、互操作性和交互一致性的额外关注。另外，随着技术的进步，需要评估的参数越来越多，以至于无法仅通过用户实验观察者的笔记或用户问卷进行研究。考虑到计算环境的普及，研究人员调查了用户体验从业者使用"人工智能作为设计材料"所面临的挑战。

　　自然语言处理和机器学习（Machine Learning，ML）的进步使得设计师可以从录音会话中提取可用的声学、文本和视觉元素。虽然受时间压力和资源影响用户体验评估人员可能会忽略一些低水平和常见的可用性问题，导致遗漏信息或错误解释问题，但利用人工智能来捕捉此类问题可以保持高准确性和易用性工作[①]。具有特定功能的人工智能可以用于特定的、经常重复的任务来帮助用户超越他们的专业领域（例如，可访问性检查或国际化提示），或设计繁重的作品（例如，检查值、颜色或字间距）[②]。

　　对于创造性的任务，人工智能可以帮助用户体验专业人员发现设计或研究过程中的新机会。表5-4对比了传统的可用性测试和数智化方法。

表5-4　传统与数智化的可用性测试对比

可用性测试类型	传统可用性测试	数智化可用性测试
方法	用户观察、用户访谈、焦点小组等	眼动追踪、点击分析、操作记录等
工具	访谈记录表、笔记本、问卷调查	眼动追踪设备、点击分析软件如Hotjar、屏幕录制工具FullStory等
数据特点	依赖于用户的自我报告和研究人员的主观观察，具有主观性、片面性和局限性以及不准确的特点	通过自动记录用户的交互行为数据，可以获取客观、全面和准确的数据，更好地了解用户的行为和体验

5.3.4　基于用户生理反应的体验度量方法

　　无论是用户报告式的度量方法还是研究人员观察式度量方法，都会受到人的主观意识的影响。为了获取更加客观的数据，用户研究人员开始使用基于生理反应的体验度量。本小节主要介绍眼动追踪，脑电信号和心率变异性等技术。

5.3.4.1　眼动追踪

　　眼动追踪是一种传感器技术，可以检测一个人的存在并实时跟踪他们正在看的东西。该技术将眼球运动转换为瞳孔位置、眼睛注视点等信息的。眼动技术可以用于分析用户专注维度的体验测量，例如在驾驶系统中，如何能够在不影响驾驶员的驾驶任务操作车内多种智能系统。眼动设备可以分为基于屏幕交互的眼动追踪仪和可穿戴式眼动追踪设备，可穿戴式的眼动追踪设备能够更好地适应不同交互情境，更符合数智时代多设备整合的复杂交互场景需求（图5-14）。

---

① KUANG E. Crafting Human-AI Collaborative Analysis for User Experience Evaluation [C]. Extended Abstracts of the 2023 CHI Conference on Human Factors in Computing Systems. 2023: 1-6.
② YILDIRIM N, PUSHKARNA M, GOYAL N, et al. Investigating How Practitioners Use Human-AI Guidelines: A Case Study on the People+ AI Guidebook [C]. Proceedings of the 2023 CHI Conference on Human Factors in Computing Systems. 2023: 1-13.

图5-14 用户在不同交互场景中佩戴可穿戴眼动追踪设备

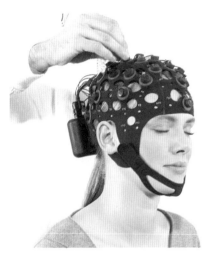

图5-15 实验室使用脑电设备

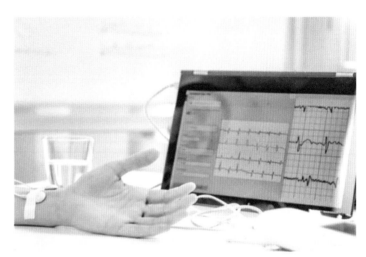

图5-16 心率变异性的测量方式

5.3.4.2　脑电图（EEG）

情绪的变化会导致脑电图（Electroencephalogram，EEG）信号的差异。基于脑电的情绪识别已广泛应用于人机交互、医学诊断、军事等领域的研究工作中。目前这种方法的局限性在于，被测试者只能在实验室环境中附着大量电极（图5-15），在维持极小身体动作的情况下，观看图像式刺激物。

5.3.4.3　心率变异性（HRV）

心率变异性（Heart Rate Variability，HRV）测量值是通过估计一组时间顺序的搏动间隔之间的变化得出的，这些间隔主要定义为R尖峰之间的时间距离（即对应于心脏心室收缩的突出波形）（图5-16）。心率的变化可以根据HRV的统计、频率和几何等级进行评估和分类。HRV可以作为一种客观的指标来度量情感反应。HRV是一项特别个人化且不断变化的指标，取决于多种因素，包括身心健康/压力、饮食、营养、饮酒、睡眠习惯、年龄、性别、遗传、运动频率/强度等。目前HRV需要较长的时间来测量个人的数据基准和变化。如果设计师决定使用HRV作为一项用户体验度量数据，还需结合其他用户自我报告的方法来获得更加全面、准确的用户体验结果。智能产品例如apple watch等智能手表的普及，为测量HRV提供了更加方便的选项。

不同类型的用户体验评估需要设计研究人员根据实际情况综合运用，即对同一个目标进行多个角度的数据分析，这样能够尽量减少由于某一种单一用户体验测评带来偏差。表5-5对比了传统生理反应测试工具和数智化测量方法的特点。

表5-5　传统与数智化的基于用户生理反应的用户体验度量方法的对比

生理反应测量类型	传统生理反应测量	数智化生理反应测量
方法	眼动追踪、EEG、HRV等传统生理指标的监测和分析	基于机器学习和数据挖掘技术的自动化生理指标分析，结合其他数据源进行综合评估
工具	眼动仪、EEG设备、心率变异性监测仪等	基于云计算和智能算法的在线平台和移动应用程序，可以实时收集和分析用户生理指标，提供即时反馈和可视化结果，如Emotion AI、apple watch等
数据特点	传统方法收集的生理数据是连续和多维度的，需要专业人员进行处理和解读，数据量庞大且处理复杂	自动提取和分析生理数据，实现快速、准确的用户体验度量，同时关联其他数据源进行综合分析

思政训练项目

　　中国传统文化中的人本思想可以上溯到孔孟时期，"仁者爱人，民为贵，君为轻，社稷次之"。中国传统文化中的人本主义主要体现为：第一，强调个体人格的独立性和主动性；第二，尊重人的利益要求；第三，尊重人的物质欲望，反对鱼肉百姓；第四，倡导"仁政"，反对"暴政"。

　　几千年后，人本思想随着时代发展，在产品设计流程中也有所体现与应用。产品测试与体验评估环节正是用以确保以人为本的设计理念，强调交互设计要以人为本。请应用本章知识，测试分析我国民族品牌"海尔"旗下的海尔智家APP，通过科学评估方法撰写该产品的可用性报告。最后，根据报告结论，提出详细的设计优化方案。

6

一　　　　**智能产品交互
设计实践**

6.1　家庭绿植养护管理产品

6.1.1　家庭绿植养护现状

经济发展在提高人们生活水平的同时，带来了愈加严重的空气污染问题。为改善室内环境质量，越来越多人将易于照料、便宜的绿色植物作为首先方案。但在繁忙的生活中，人们往往难以对绿植施以精心的养护。借着发达的互联网技术，通过手机对家中绿植进行管理的生活方式逐渐兴起。

我国家庭绿植市场需求大、产值高、前景广阔，但相关智能化产品非常缺乏且技术水平相对较低。目前，国内在室内植物墙养护方面多以单个对象进行监测，控制方式较为传统，系统实时性与准确性较低，且用户无法全面了解植物生长与室内环境状况。绿植养护方面也有很多难点：绿植种类繁多，而且不同种类的绿植有着不同的生长周期，对其生长多需要的温度、湿度、光照及土壤水分也不同。若不能满足植物所需要的湿度、光照、水分等条件，就难以良好生长，严重影响观赏效果。人们在进行家庭植物养殖，尤其是在培育一些珍贵的植物盆景时，并不能像专业人员一样具有丰富的经验和足够的耐心。基于上述需求，设计师可针对不同种类植物的需求创造智能化的养护产品并施以不同的智能化种植方法。

6.1.2　前期调研

6.1.2.1　用户研究

（1）问卷调研

通过线上的问卷调查，可以了解城市居民对城市绿色种植的看法，就目标用户的行为、兴趣和人际关系等情况进行统计分析后建立用户模型，为构建室内绿色种植社交平台提供参考。此次我们选择了20～50岁对家庭种植感兴趣并且能够通过使用APP来解决相关问题的人作为城市绿色种植社交平台的目标用户。问卷调查的目的在于了解目标人群对植物种植的熟悉度和相关看法、日常对植物种植的关注度、是否乐意在城市阳台种植植物等问题（表6-1）。

（2）用户模型

对用户的行为和需求进行调查与分析，可获取一组实际目标用户的答复数据。将问卷调查的数据转变为实际的需求，构建出一个用户模型，反映出用户真实的需求和目的，以此来帮助产品后续的构建，并且在整个设计过程中代表本平台的目标用户（表6-2）。

表6-1　用户问卷数据分析和机会点发现

数据分析·问题发现	机会点导出
调研数据中用户打理植物的频率在每周2~3次居多，没办法精准掌握植物的信息	植物养护的流程和操作比较复杂，非专业用户很难有足够的精力和时间进行养护，可增加提醒和教学得到功能
调研数据中浇水用户打理植物的活动中是频率最高的，也需要付出最多的精力，其次是移盆晒太阳的工作和剪枝，调研数据反映出用户打理植物的活动中，浇水和施肥的问题是最多的	植物养护的知识需要进行梳理，用简洁的云端APP进行指导
调研数据集中分布在华东地区的20~40岁的女性群体	人群定位在中青年女性
从调研数据中可以看出目标群体主要种植的是多肉花卉这类比较好种植的植物，观叶类植物受到相当大的一部分用户青睐	植物的特性不同，根据大部分种植的种类进行养护知识的信息查找，产品的功能进行侧重
从调研数据中可以看出目标群体未来想尝试的植物种类比较均衡	植物种类繁多，产品的功能必须具备基础的功能和一些特殊需求的功能
调查数据显示，用户对智能养护产品的功能设想中，植物知识和养护教程，以及植物信息监测的期待值比较高	可根据用户的需求，增加智能硬件产品与云端的联动，APP上兼具监测信息展示提醒和知识的传递功能
调查数据中用户对智能产品结合的期待度较高，希望能和大部分智能家居产品进行联动	选择适合的载体与智能植物养护产品进行结合
调查数据中用户对智能养护产品的价格接受区间在100到300之间，上限800元	适当控制智能产品的成本，匹配用户的购买意愿

表6-2　用户模型

"品质慵懒女性"	
个人信息	姓名：张晓红 年龄：42岁 职业：教师 所在地：苏州 家庭结构：丈夫+一个孩子
行为模式	工作时间稳定，但比较忙碌，并没有更多的时间频繁去打理植物张女士喜欢观赏花卉、植物，喜欢购买植物装点自己生活的家居环境不熟悉植物种植的知识和方法，往往在边种植的过程中边学习在种植中有不解的问题，会与身边懂的朋友和花店老板咨询，喜欢美好的事物和精致的生活，会把自己的生活分享在朋友圈给大家
触媒习惯	手机app：抖音 社交习惯：微信、手机 咨询查询：搜索引擎、今日头条
用户需求	1. 了解相关的种植知识和技巧 2. 为种植过程提供辅助，使烦琐的流程简单化能观赏到植物好看的样子并和朋友分享 3. 针对种植过程中产生的问题和困扰，能得到解感和帮助
关注点	1. 美观度 2. 植物种植状态 3. 种植过程简单化 4. 提供明确高效的种植帮助

（3）用户旅程图

在搭建具体的用户模型后，可采用用户旅程图剖析用户的行为触点，动机和心理感受，以可视化、故事化的形式呈现用户的体验变化（表6-3）。

表6-3 用户旅程图

用户行为	情感经历	接触点	洞察
购买花种	好复杂啊，我该选哪种花更好养呢	种子 花盆 成苗	1. 购买时不知如何挑选植物，不了解哪些植物适合在室内种植 2. 不知道去哪买，市面上销售渠道质量难以保证
移盆	移盆有啥讲究，为啥我的植物移盆存活率低	花盆 铲子	1. 移盆时间节点不合适，刚买回来直接移盆存活率低 2. 移盆方法有问题，不懂保留原土
施肥	怎么知道植物缺什么肥料呢	水壶 肥料 水	1. 施肥不知道用什么肥料 2. 肥料不知道如何操作 3. 不知道植物的生长周期
浇水	植物啥时候渴呢，土干了再浇水嘛	水壶 水	1. 不知道什么时候需要浇水 2. 不知道一次浇多少水 3. 浇水容易过量 4. 浇水时间不对
擦拭	叶子好脏，是否需要擦拭	抹布	叶片比较大的植物需要擦拭表面的灰尘和水痕，不懂具体如何处理
剪枝	为什么我的植物造型不好看啊	剪刀	1. 植物徒长，不知如何剪枝 2. 不知道如何打理植物的造型
晒光	不是需要阳光嘛，怎么越晒越蔫了	花盆	1. 不了解植物喜光与否，一股脑晒 2. 阳光下暴晒 3. 晒光不均匀导致植物造型偏移
防治病虫害	怎么长了这么多小虫子	除虫剂和药	1. 无法分辨病虫害，缺乏相关知识 2. 除虫剂不知怎么喷

针对购买花种、移盆、施肥三个行为，可以得出的机会点包括：1）记录追踪养护的行为，进行提醒；2）普及植物知识和养护视频。针对购买浇水、擦拭、剪枝三个行为，可以得出的机会点包括：1）监测植物的信息状况进行提醒；2）识别植物的情况，进行线上教学处理问题。针对购买晒光、放治病虫害两个行为，可以得出的机会点包括：1）智能集成浇灌植物；2）提供线上购买平台，保障品质。

6.1.2.2 竞品分析

综合现有市场的产品表现来看，智能种植产品属于目前的新兴产业，价格较高。只是解决了用户不在家植物会干死的状况，或者是通过APP能够了解植物的实时状况和通过植物库了解植物的知识部分产品缺乏人性化关怀，人和产品的互动性不高（表6-4、表6-5）。

表6-4 植物培育类APP竞品分析总结

APP名称	主要功能	特色功能	优势	劣势
形色	查询物种、营养价值、植物背景	1秒就能知道植物的名字和故事、一键生成有诗词花语的植物美图	植物识别与诗词相结合，主打情感优势	植物识别的准确性仍需提高，仅限于识别，缺少种植知识
花草录	植物识别、养护提醒时间轴、治疗和预防植物病害	私人植物养护助手，指导正确地养护植物	提供植物养护小贴士，提示及时看护植物	需要充值会员，未在明显区域让用户同意收费，采取直接扣款形式，用户口碑差
口袋植物	记录步数、将步数进行植物可视化【虚拟植物形象】	通过步数收集匹配各种超级可爱的植物来合成出全新种类	将健康记录进行可视化，通过「收集」这一行为，增加用户黏性	好友功能使用体验差，捕捉健康数据偶尔不准确

续表

APP名称	主要功能	特色功能	优势	劣势
植物保姆	喝水提醒软件、将每日喝水量进行植物可视化【虚拟植物成长】	定制化饮水目标管理、简洁的图表与界面	习惯的养成也是治愈系植物的养成，建立可视化养成习惯	手表端只能看植物不能添加喝水，只能通过APP端添加喝水功能
植物庄园	虚拟植物花店，通过完成任务购买需要植物生长形成的养分	植物收集类养殖游戏	界面美观，植物种类丰富	个人单机游戏，用户黏性弱

【植物培育类APP总结】

1. 市面上关于植物培育类APP主要以识别功能为主。

2. 还未有植物培育与虚拟植物形象结合进行视觉设计的案例。

3. 植物培育类APP缺乏提供用户情绪价值，仍需鼓励/激励用户更加精细化照顾植物的成就感。

表6-5　智能家居控制类APP竞品分析总结

APP名称	满足用户	主要功能
米家	小米生态链、部分苹果用户	可展示各个智能家居的状态，可较为精细地洞察部分参数，可语音控制并与用户产生互动
华为智慧生活	华为生态链、部分小米生态、苹果用户	在原本智能家居功能基础下，增加了商城、展示空气质量、社区交流等辅助功能展示
家庭	苹果用户、部分小米生态链	智能家居中服务设计做得最好、可流畅地与各种智能电器进行联动
智家365	【第三方互联平台】华为生态待、部分小米生态链、部分苹果用户	满足基础的智能家居功能【因为有的智能家居不能做到全平台共通，所以需要一些第三方平台作为衔接，第三方平台没有原生态流畅】

【智能家居控制类APP总结】

1. 全平台互通【苹果生态、小米生态、华为生态、第三方生态】十分重要。

2. 大部分智能家居仅以用户的主动使用功能为主，缺乏用户黏性、用户提醒、用户习惯的培养。

3. 元宇宙世界观的流行，可视情况在智能家居控制系统中体现【如虚拟主人形象，虚拟植物形象】来增加用户的使用体验感和情感价值。

竞品分析——硬件

竞品类型1：农业浇灌类100-200元/套（图6-1）

设计思路由农业灌溉演化而来，由简易的水泵，水管与阀门构成，能实现大批量的植物灌溉。

优点：效率高、成本低。

缺点：装置丑陋，无设计感，不能满足观赏性植物审美的要求。

竞品类型2：单体花瓶＋蓄水设备100元左右/个（图6-2）

图6-1 农业浇灌类竞品

图6-2 单体花瓶+蓄水设备竞品

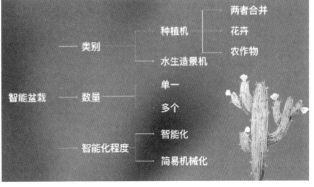

图6-3 智能盆栽功能构架分析

自动浇灌主要是由花盆和一个蓄水设备构成，可以实现单个盆栽自动浇水的需求。

优点：美观，观赏性强。

缺点：成本昂贵，单个花盆的售价在100左右。不能完全实现自动灌溉，定期需要向蓄水池灌水，不能多个花盆同时实现自动浇灌，否则成本太大。

问题：目前的设备还是偏向于基础型的操作。

1. 用户种植的植物不能准确地在设备中进行识别；

2. 用户种植的植物不能告知用户植物目前的生长阶段和状态情况；

3. 设备中还未能建立一个植物花卉的社区分享平台；

4. 在多株植物需要同时进行检测植物数据时，设备不能同时监测也未能发挥最大功效，要购买多台设备也增加了用户养花的经济负担。

6.1.3　设计实现过程

6.1.3.1　产品定义

基于前文的调研与分析，现在需要设计的新产品是一款服务于缺乏植物养护知识和时间的用户的智能集成植物养护产品，整体为智能集成化的植物灌溉装置，能够结合传感器进行多方位检测，线上提醒用户进行植物养护的相关操作，并进行养护记录和知识的科普。

在智能家居普行的当下，产品应结合大数据进行家居环境的智能护理，并通过最简单的方式集成化解决绿植的养护问题，从而改善家居环境（图6-3）。

产品定义：针对缺乏植物养护知识和时间的用户的智能集成植物养护产品，整体为智能集成化的植物灌溉装置，结合传感器的多方位检测，在线上提醒用户进行植物养护的相关操作，并进行养护记录和知识科普。

设计原则：结构（集成、智能）；操作（条理、直观、便捷）；外观（专业、亲和感、简约）

价值主张：在智能家居普行的当下，结合大数据进行家居环境的智能护理，期待能通过最简单的方式集成化解决绿植的养护问题，从而改善家居环境。

价值层级：核心价值（基于土壤监测的智能集成灌溉养护的产品、智能灌溉、土壤检测）；次级价值（智能提醒、提醒养护行为、知识科普）；增值价值（养护记录、用户个性化需求分析）

6.1.3.2　草图模型演化（图6-4）

基于不同的产品模块上墙方式，考量生产成本、耐用度、结构强度，选取最优选项。

6.1.3.3　技术可实现性分析（图6-5）

利用Arduino开发版、编程等所学知识构建产品的基本原型以验证产品的技术可行性，最终通过实际操作

产品草图

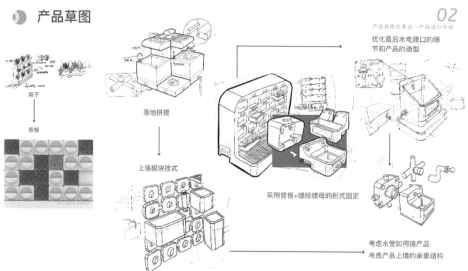

优化最后水电接口的细节和产品的造型

架子

背板

落地拼接

上墙模块挂式

采用背板+螺栓螺母的形式固定

考虑水管如何接产品
考虑产品上墙的承重结构

家庭绿植养护管理产品技术解析

图6-4 产品草图演化过程

技术可实现性

模拟原型图

代码逻辑

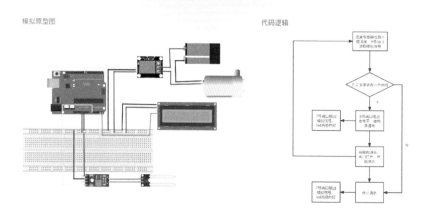

实际操作

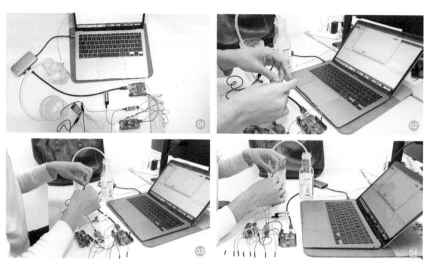

图6-5 产品原型搭建原理和过程

满足了产品的基本运行逻辑。

6.1.3.4 家庭植物智能养护APP界面设计

一款好的APP需要具备基本的可操作性和实用性，还需要一定的方法来引导用户的认知，为用户打造良好的使用体验和人性化关怀，以此来进一步提高APP产品的使用体验感，增加用户黏性。

植物智能养护APP的设计框架，将热爱城市家庭绿色种植的群体作为APP主要目标用户，分析该产品相关功能与目标定位，将产品分为首页、圈子、收集、我的、扫码5个模块，并且在每个功能下设有相应的层级（图6-6）。

根据目标定位以及调研分析，主要对首页、收集、圈子、我的、扫码5个主模块的功能进行原型设计：

首先是首页页面。用户通过注册登录，完成设备绑定等过程后，打开首页就能看到当前种植的植物与其对应的状态，以及硬件设备的运行状态；同时还会提供当前所在地天气信息跳转出对应种植提醒。点击单个植物模块能查看植物的详细信息和养护记录和发布的相关日记，同时还能查看相关的植物搭配、商品搭配的推荐。

其次是收集页面。用户可以在收集页面查看不同种类的植物百科，获取相应的植物养护教程，还能查看最近的养护趋势和植物种植地图；同时，在"植物记录"中能查看我所有的植物种植信息和记录。

第三是圈子页面。用户不仅能在里面发布自己的种植内容，还能查看别人发布的内容并和其他用户进行点赞、评论、收藏等互动，相同兴趣爱好的好友还能发送信息相互交流。此外，用户还能在APP内购买相关店铺内的商品，包括配套硬件和不同的植物。

第四是我的模块。点击"我的"，用户能查看自己的主页内容、植物记录、商品订单、内容笔记、硬件设备和设置中心。用户能使用这一模块对整体的信息进行集中管理。

最后是扫码页面。通过扫码入口，用户能实现"拍摄、扫码录入、扫码识别"等功能。在录入/识别植物后，用户能对植物进行智能化养护设置，将其加入"我的花圃"中。当用户发现植物问题，还能及时扫码拍摄并发给植物医生，咨询相关的问题。

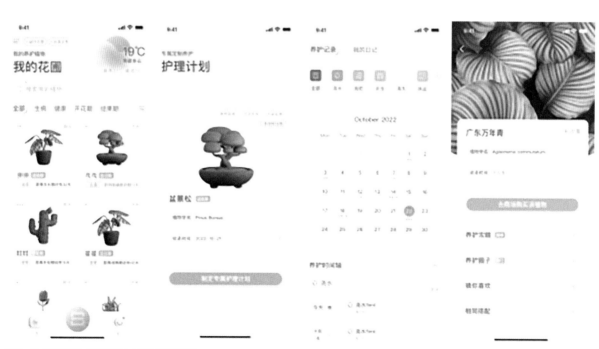

图6-6 家庭植物智能养护APP界面设计

6.1.3.5　APP功能框架及低保真

植物智能管理APP的框架设计，将热爱城市家庭绿色种植的群体作为APP主要目标用户，分析该产品相关功能与目标定位，将产品分为首页、圈子、收集、我的、扫码5个模块，并且每个功能下各有相应的层级。

根据目标定位以及调研分析，主要对首页、收集、圈子、我的、扫码5个主模块的功能进行原型设计：

（1）首页页面

用户通过登录注册，完成设备绑定录入过程后，打开首页，能看到当前种植的植物和对应的状态，以及硬件设备的运行状态；同时还会提供当前所在地天气信息，针对不同天气情况跳出对应种植提醒。点击单个植物模块能查看植物的详细信息和养护记录和发布的相关日记，并能对养护系统进行设置，同时还有提供相关的植物搭配、商品搭配的推荐。

（2）收集页面

用户可以在收集页面查看不同种类的植物百科，相应的植物养护教程，还能查看最近的养护趋势和植物种植地图；同时，能查看我所有的植物种植信息和记录。

（3）圈子页面

用户能在里面发布自己的种植内容，查看发布别人发布的内容并和别人进行"点赞，评论，收藏等"互动，相同兴趣爱好的好友还能发送信息相互交流；产品还能购买相关店铺内的商品，包括配套硬件和不同的植物。

（4）我的模块

点击我的，能查看我的主页内容、植物记录、商品订单、内容笔记、硬件设备，还能进入客服帮助和设置中心。对整体的信息进行集中管理。

（5）扫码页面

通过扫码入口进入，能实现"拍摄、扫码录入、扫码识别"等功能。录入/识别植物后能对植物进行智能化养护设置，将其加入我的花围中。若发现植物问题，还能发给植物医生，咨询相关的问题。

6.1.4　设计最终呈现（图6-7~图6-15）

6.1.4.1　产品渲染效果图

产品子模块整体由盆栽外壳、电磁阀、进水口、状态灯构成，外形简约温暖，外壳留有参数化网格孔设计，便于植物透气以提高存活率。通过状态灯随时可了解盆栽植物的存活状态，清晰明了（图6-7）。产品整体包括附墙背板和产品子模块两大板块组成，产品子模块基于不同盆栽植物的生长习性设计了不同形态（图6-8）。根据用户需求可随心定制盆栽植物的数量以及陈列方式，体积小巧不占空间，适用多种使用场景（图6-9）。

产品子模块以395mm*372mm*342mm尺寸为基本模块，小巧精致，满足功能需求（图6-10）。子模块通过背部挂钩与附墙背板组合，通过进水口、出水口、电接口、电磁阀等功能结构可为植物提供最适于生长的湿度，通过开关按钮、状态灯可与用户实现清晰明了的交互（图6-11~图6-13）。

APP高保真页面形式上与产品相呼应，采用浅蓝色调、渐变设计与简约UI风格减轻用户视觉负担，呈现清爽雅致的视觉观感（图6-14）。功能层面，APP提供了植物识别、监护、购买等系统化服务，帮助用户最大限度降低植物养护负担（图6-15）。

☾ 产品功能介绍

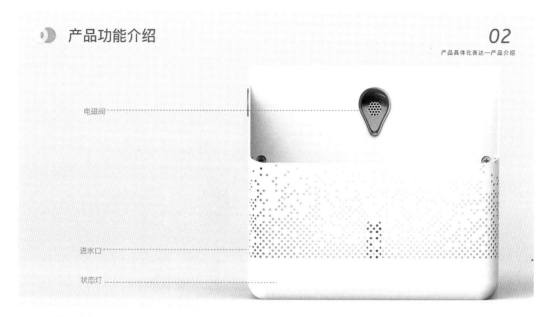

电磁阀

进水口

状态灯

图6-7 产品介绍

图6-8 产品整体环境渲染图

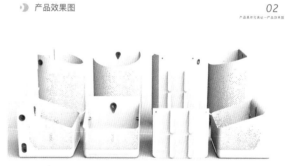

产品效果图

图6-9 整体产品效果图

☾ 产品三视图

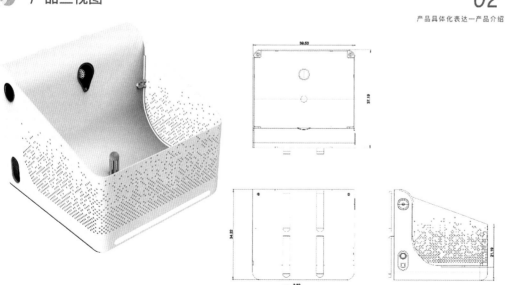

图6-10 产品三视图、尺寸图

◑ 产品功能介绍

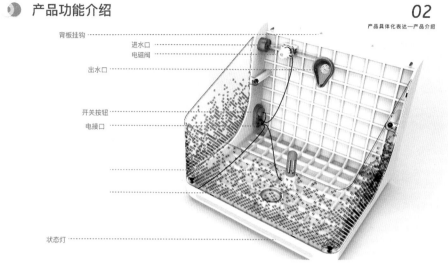

背板挂钩
进水口
电磁阀
出水口
开关按钮
电接口
状态灯

图6-11 产品功能介绍

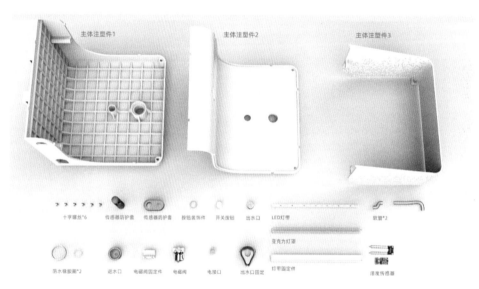

主体注塑件1　主体注塑件2　主体注塑件3

十字螺丝*6　传感器防护套　传感器防护套　按钮装饰件　开关按钮　出水口　LED灯带　软管*2

防水硅胶圈*2　进水口　电磁阀固定件　电磁阀　电接口　出水口固定　亚克力灯源　灯罩固定件　湿度传感器

图6-12 产品结构零件图

◑ 产品细节

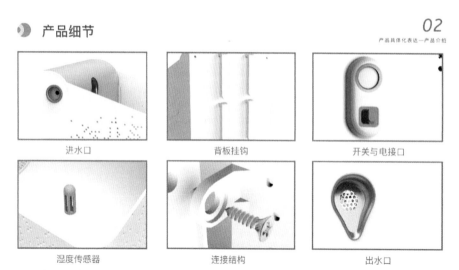

进水口　背板挂钩　开关与电接口

湿度传感器　连接结构　出水口

图6-13 产品细节图

图6-14　界面效果图1

图6-15　界面效果图2

6.1.5　可用性评估

可用性评估是测评用户在设计中真实体验的重要工具，有利于设计师获取相关反馈，进而优化产品。

6.1.5.1　测试流程

测前准备：根据产品所提供的主要功能制定测试的任务情景；向测试者详细讲述任务情景的内容；确保测试过程不受打扰；和测试者沟通并准备较安静的测试地点，

并提示被试装好相关的测试APP，准备好录像录音设备；向测试者声明，我们测试的是产品，而不是测试者的能力；让测试者知晓，他们可以随时终止测试产品；观察者或主持人要熟识所测试的APP产品（表6-6、表6-7）。

表6-6　可用性测试准备

测试对象	测试目的	测试指标
植物管家APP	找出用户在任务流程中存在的可用性问题	有效性、效率、满意度
测试方法		
回顾式测试法：测试期间对用户的操作录音录像，记录用户的操作步骤和问题，事后回放录像和测后用户访谈，用来收集额外的信息。		

测试过程：确定做完前期准备；进行测试流程介绍，向被试说明测试的任务目标；准备好摄像、录音等设备记录被试的操作以及神态（条件允许下）；测试结束后保存记录文件。

表6-7　可用性测试问题

序号	任务状态（是否能正常完成任务）	执行时间（是否能在指定的时间内完成任务）	访问的无关界面/步骤数量（访问的界面与任务目标界面不一致，无关界面/步骤的数量是多少）	结束任务原因
1	失败			
2	成功	103s	0	完成任务
3	成功			
4	成功			
5	成功	118s	0	完成任务
6	成功	99s	0	完成任务
7	失败			
8	失败	130s	2	跳转到商圈完成购买
9	成功	114s	0	完成任务
10	成功	135s	0	完成任务
11	失败	165s	2	任务5出现闪退
12	成功	142s	2	完成任务

6.1.5.2　测试结果（表6-8）

表6-8　可用性测试结果

可用性问题	严重性分析说明	等级	建议优化方案
返回操作失败	30%的人操作失败	3	在界面左上角适当增加设计返回操作图标
护理设置中文字拍照说明	"+"功能不明确，用户难以理解	1	方框旁边增加文字说明

续表

可用性问题	严重性分析说明	等级	建议优化方案
"我的植物档案馆"图标识别度低	植物档案馆为APP主要功能。识别度低	3	修改为相对醒目的(植物档案)切换图标或直接改为文字按键代替图标
主页跳转图标不明显	图标指代性不强,用户无法理解其真正的含义	1	把图标改成"花圃"
购买链接不明显	用户在短时间内找不到购买链接,直接放弃购买	3	将购买链接模块放大
首页"点点"可以增加状态补充	植物卡片左上角的养护记录不明显	1	增加状态提醒,长按会显示点点详细信息
养护信息传递不明确	用户读不懂该功能含义	1	在周围增加适当文字性说明
TAB选中状态不明显	用户可能会误以为自己未点击成功	1	将选中区域字号放大
"我的"图标位置不明确	该图标指代性不明确,用户读不懂	3	将"我的"图标放大
客服按钮不好找	无法快速与植物管家和人工客服取得联系	1	修改客服按钮位置

6.1.6　案例小结

本案例通过对建立的用户模型、用户旅程地图等方法的研究,构建了家庭植物智能养护APP的框架。设计师综合分析了产品定位、用户行为、用户目标以及用户痛点,输出相应的表格以直观地展现用户需求,并从中挖掘机会点,将其转化为具体功能,最终设计出兼具线上线下的家庭植物养护产品。

6.2　儿童智能语言学习交互玩具

6.2.1　儿童玩具行业现状研究与机会洞察

6.2.1.1　儿童玩具行业发展背景

随着经济的稳定增长和居民可支配收入的持续提升,我国玩具行业保持着良好的发展态势。目前,我国是全球最大的玩具制造国,在全球玩具市场上占有举足轻重的地位。从用户数量角度来看,0~14岁儿童是益智玩具的主要使用群体,其数量的增加为智能玩具行业市场规模的扩大奠定了消费群体基础。不同年龄段、性别特征下的儿童在生理、心理、行为上具有很大的差异,成为消费者选购玩具的主要考虑因素。

从科技角度来看,科技的发展将持续为儿童玩具产业赋能。5G、AI、语音识别等技术正快速推进儿童教育产品信息化,移动端设备也成为辅助儿童教育的重要方式。同时,儿童对科学认知类益智玩具的兴趣日益增长,这将吸引更多儿童自小种下科学探索的种子。

6.2.1.2　儿童玩具行业发展背景

从我国玩具市场销量来看,2016年至2021年玩具市场销量逐年攀升,尤其在2020年至2021年间,玩具销量增速提高了近6%(图6-16)。同时,2016年至2021年中国益智玩具市场规模也在不断扩大,这表明这一领域的市场需求仍在稳步增加(图6-17)。但就2021年中国益智玩具市场品牌占比而言,"乐高"品牌占据了近一半的市场份额,约42.3%(图6-18)。这表明国产益智玩具品牌大有可为,需要不断挖掘消费者的切实需求并通过设计满足,提升设计附加价值,塑造富有识别度的品牌形象。

从行业角度而言,益智玩具品类对儿童玩具市场的推动作用明显,以乐高为代表的益智玩具品牌市场需

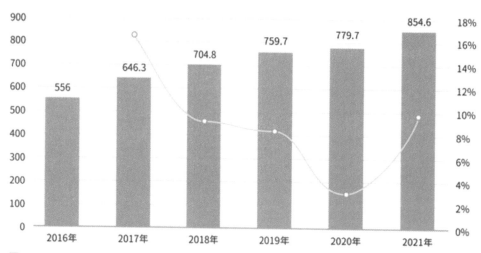

图6-16 2016—2021年我国玩具市场零售总额

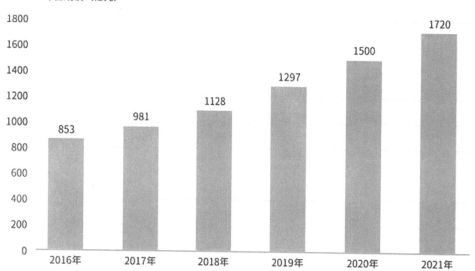

图6-17 2016—2021年中国益智玩具市场零售规模

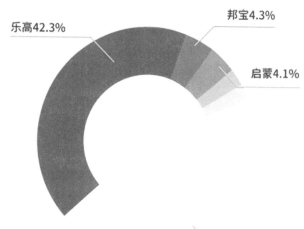

图6-18 2021年中国益智玩具市场品牌占比

求旺盛，深受用户喜爱。从儿童角度而言，不同年龄段、不同性别特征下的儿童在生理、心理、行为上存在很大的差距，购买玩具时需要充分考虑。从家长角度而言，90后家长在有孩人群中逐渐成为重要消费力量，他们的教育观念较上代新颖，趣味性和教育效果成为重要考量因素，对儿童启蒙教育受重视程度不断增加。从以上三个角度考量，可以将玩具类型缩小到益智类玩具，这类玩具拥有较高的接受度和喜爱度，拥有较大的设计空间和背景，适合作为进一步设计的对象。同时，益智类玩具又可以分为七类，本案例将通过后续的用户研究和需求分析进一步缩小研究范围。

6.2.2 针对智能益智玩具的桌面调研与分析

6.2.2.1 益智玩具的竞品调研与分析

（1）传统益智玩具

传统益智玩具以简单耐用为主，常见的类型包括中低档电动型、拼装型、装饰型玩具，不同类型的传统益智玩具也能够开发儿童不同方面的能力。根据目前市场上传统益智玩具的智力开发方向，大致分为七种适合儿童玩耍的玩具类型：语言类、数字逻辑类、空间类、身体运动类、音乐类、人际关系类和自然观察类。这些玩具不仅可以锻炼儿童的身体协调能力，促进大脑发育，还可以培养儿童的创造力、想象力和观察力等多方面的能力，帮助孩子在玩耍中获得乐趣并促进身心健康的发展。表6-9为传统益智玩具竞品分析。

（2）智能益智玩具

智能益智玩具是一种将信息技术和传统益智玩具相结合的创新产品，有别于传统益智玩具。为了更好地引导孩子探索科学世界，国内智能益智玩具市场出现了一类名为"STEAM"的新型玩具，STEAM是五个单词的缩写：Science（科学）、Technology（技术）、Engineering（工程）、Arts（艺术）、Maths（数学）。这类产品不仅是一种玩具，更具有一种跨学科的教育概念，可以引导孩子探索科学、技术、工程或数学领域，并通过实验和观察获得新知识，解决疑问和回答问题。表6-10为益智玩具竞品分析。

表6-9　传统益智玩具竞品分析

类型	语言类	数字逻辑类	空间类	身体运动类	音乐类	人际关系类	自然观察类
图片展示							
品牌	数字字母组合玩具	魔域文化	丹妮积木	室内儿童篮球架	童趣手敲琴	多合一儿童游戏棋	midder昆虫观察盒
形式	套装	单体	套装	套装/单体	单体	套装	套装
智能程度	非智能	非智能	非智能	非智能	部分智能	非智能	非智能
目标年龄段	4-6岁	7-14岁	4-6岁	2-5岁	3-7岁	3-12岁	3-12岁
价格	￥3.5	￥8.5	￥65	￥199	￥44	￥53	￥90
主要功能	字母学习；拼搭组合；归纳认知	研究学习；竞速练习；逻辑认知	空间认知；自由拼搭；场景构建	锻炼身体；手脑协调；培养好习惯	学习音乐；联觉培养	开发智力；社交娱乐；易于收纳	探索自然；居家观察；探索自然
缺点	形式单一，零件太多不易整理，丢失后不宜找回	玩法单一，有一定入门门槛	零件太多不方便整理与收纳，占地空间大	篮球架质量轻，如果大人不小心碰倒容易砸到儿童	功能简单，儿童玩耍时容易产生噪声	不适合低龄儿童玩；棋子较小，小宝宝有可能有吞咽危险	价格偏贵，儿童观察时容易用力太猛，摔伤昆虫甚至造成昆虫死亡

表6-10 智能益智玩具竞品分析

类型	科学类	技术类	工程类	艺术类	数学类
图片展示					
品牌	科学实验套装	爱迪生电路积木	乐高积木	儿童艺术拼图	高斯数独玩具
形式	套装	套装	套装	套装	套装/单体
智能程度	智能	智能	部分智能	非智能	非智能
目标年龄段	4~10岁	4~12岁	3~12岁	6~10岁	4~10岁
价格	¥79	¥409	¥5+	¥51	¥299~548
主要功能	科学认知；拼搭组合；归纳认知	理解电路知识；激发创造力；培养物理兴趣	培养儿童动手能力；培养手部精细动作；提高基础认知力	提升审美素养；激发艺术感悟力；视觉色感认知	数感逻辑培养；注意力训练；激发好胜心
缺点	不适合低龄儿童，部分实验品不可食用，可能有吞食危险	有一定专业性，低龄儿童换触会有一定难度	零件棱角分明，若儿童不慎踩到可能会受伤	零件过多，容易丢失或误食	价格偏贵，儿童玩数独时间太久可能导致眼花缭乱，甚至视力下降

6.2.2.2 智能益智玩具相关研究

（1）儿童玩具交互方式研究

家长从婴儿时期开始就使用品类丰富的静物交互益智玩具来教育孩子。市场上琳琅满目的实体教育玩具包括感官益智、技能益智、空间益智、情感培养和语言益智等。虽然静态交互玩具种类丰富，但其互动形式单调且交互效率低，难以持续吸引孩子更多兴趣。

玩具作为儿童游戏体验的实物载体，需要满足儿童的各种心理需求。随着年龄增长，儿童对玩具的需求也会不断变化。电子设备作为一种新兴的交互方式，具有吸引力和高效性，但也存在一些问题，如界面抽象复杂、长时间注视屏幕会导致身体器官过度劳累等。因此，未来智能交互玩具的发展需要更多地关注儿童的体验感、交互性和使用场景的互动。

（2）亲子互动研究

近年来孩子越发成为家庭的核心，大多数父母为了孩子的未来努力工作，却因此减少了陪伴孩子的时间，在孩子童年时期虽有玩具陪伴，但是父母陪伴的缺失却不能仅靠玩具来弥补。因此家长们在选购玩具时有了亲子互动的需求，亲子交互玩具应运而生。

家长、儿童、玩具是亲子互动玩具的重要组成元素。亲子互动的目的就是孩子与家长一起学习一起成长，让家长的教育和陪伴帮助孩子更好地成长。家长通过玩具与孩子进行交互，既满足儿童的情感体验，也为生活带来了舒适感，激发儿童对生活与家庭关系的思考与探索。

（3）不同年龄段儿童的行为特征研究

在儿童成长过程中，性格、智商等方面的变化也在循序渐进。儿童每个阶段的行为习惯和细微变化都特别重要，都影响着孩子未来的发展。

婴儿时期（0~1岁）的儿童会直接表达自己的情绪，比如用简单的抓握来表达情绪或对周围事物的情感态度和认知需求。幼儿时期（1~3岁）的儿童开始通过模仿身边成年人的行为方式来学习生活技能，比如走路、说话，可以简单与成年人交流，并在此过程中产生简单思维和独立意识。学龄前期（3~6岁）的儿童会通过游戏来形成象征性思维、概括性思维并掌握符号机能，开始学会理解成年人的一些行为和基本的道德行为，区分人与人之间的从属关系。少年时期（7～12岁）的儿童开始有意识地加入集体生活并发展出集体荣誉感，可以在日常的学习活动中逐渐形成对周围人物、事物的理性观点并学会思考现实世界的客观规律和特点。

6.2.3　针对智能益智玩具的用户研究与需求分析

本阶段的用户研究通过用户访谈和问卷调查，对智能益智玩具的普适性需求进行定性和定量分析，并通过聚类和桌面调研确定最终目标人群和绘制用户画像。接着深度挖掘该人群需求，进行用户之声转译和需求归纳，罗列需求清单。最后进行第二轮十点量表定量分析，筛选出最符合需求的产品方案。

6.2.3.1　用户访谈大纲设计

该阶段用户访谈的主要目标是深入挖掘家长对0～12岁中不同年龄段儿童益智能力培养的需求，同时探究儿童对智能益智玩具的交互需求以及家长对智能益智玩具的交互需求。设计小组围绕基本信息、玩具购买情况、通过益智玩具培养能力情况和通过其他方式培养能力情况进行了访谈大纲设计。具体访谈大纲如表6-11所示。

表6-11　访谈大纲

个人信息	您好，我们是来自江南大学设计学院的学生，现在正在进行一项玩具设计，想了解一下用户的真头需求，不知道能否跟您进行一个用户访谈，访谈结束后我们会送您一份小礼物. -职业 -学历 -收入 -年龄 -居住城市 -儿童年龄 -儿童性别 -家庭结构		
问题分类	**玩具购买相关** **您买玩具的目的** -您一般在什么情况下给孩子买玩具 -为什么购买该产品，有趣/锻炼宝宝能力/消耗宝宝精力/教宝宝知识/让宝宝安静 -随着年龄变化对于儿童玩具目的的变化 **您买玩具时考虑哪些因素** -安全性、价格、品牌、外观、-实用性、易清洁收纳 **玩具价格接收度** -您上个月大概给孩子买玩具花费了多少钱	**通过益智玩具培养能力情况** **您最想培养孩子哪方面能力** **您通过哪些方式来培养孩子能力** -针对不同能力您选择的方式是否有区别 -随着年龄变化您选择的方式是否有区别 **玩具相关** -您给孩子买过哪些培养孩子能力的益智玩具（给张市场上比较多的产品的表） -每个玩具哪个年龄段买的，大概玩了多久 -选择这些玩具时考虑了哪些因素（您的具体需求） -哪几个玩具您孩子比较感兴趣，玩的时间比较长，您认为是什么原因 -哪几个您孩子很快就没兴趣了，您觉得是为什么（现有益智玩具的缺点） -每件玩具大概的价格 -您为什么选择玩具来培养儿童的能力，您觉得这种方式有什么优势 **能否说一下您昨天是如何陪孩子的（如果有陪玩玩具）** -具体玩了什么玩具 -有家人陪孩子一起玩玩具吗，是谁陪的，您对陪伴孩子玩游戏的态度是什么 -在陪的过程中家长具体辅助做哪些事 -昨天玩玩具的时候孩子有碰到某个步骤不会玩的情况嘛 -你是怎么解决的	**通过其他方式培养能力情况** **培训班相关** -您给孩子报过哪些课 -您给孩子报课时会考虑哪些因素 -您孩子是多大开始上xx课的 -您觉得哪些课效果比较好，为什么 -您觉得哪些课效果不满意，为什么 -现在这些课中您孩子最喜欢上哪门课 -有哪些课上过但没有继续上下去，为什么？ -为什么选择报班来培养孩子能力 **其他方式（图书等）** **能否说一下您昨天是如何陪孩子的** **您昨天如何陪孩子练习的（如果有）** -具体是怎么练习的 -有大人陪孩子一起练习嘛？是谁在陪 -您对于花时间陪孩子练习的态度 -孩子对于练习是什么态度 -如果不是很好的话，有没有过亲子矛盾，您会怎么应对
结束话术	感谢您的回答，给了我们很多启发，这是给您准备的礼品，我们后续确定方向后还会有深度调研，不知道你是否愿意参加，如果您愿意的话，我们能否加一下您的微信方便后续联系		

115

图6-19 实地调研图

6.2.3.2 用户访谈记录

设计小组通过线下走访天鹅湖家幼儿园、尚贤融创小学、东陵古运河小学，线上小红书、闲鱼招募的方式，共对25名家长进行了用户访谈（图6-19）。其中，0～3岁儿童家长7名、3～6岁儿童家长9名、6～9岁儿童家长3名、9～12岁儿童家长3名（二孩家长4名，重复计算）。

6.2.3.3 亲和图分析

设计小组对访谈结果进行了亲和图分析，发现不同年龄段下，家长对于儿童益智能力培养的需求、儿童对于智能益智玩具的交互需求以及家长对于智能益智玩具的交互需求有着显著差别。

0～3岁儿童的家长更关注儿童语言能力与人际交往能力的发展，希望儿童会说会表达是该阶段他们的主要需求（表6-12）。该阶段家长购买过的智能益智玩具益智性较弱，更多为启蒙玩具。对于该年龄段的婴幼儿，声光交互最吸引他们兴趣，同时家长的陪伴也对儿童的兴趣持续性有着积极影响。

3～6岁儿童的家长面临着幼小衔接问题，对于孩子语言能力和数理逻辑能力的培养需求较为强烈（表6-13）。同时在该阶段，家长希望能够探索儿童的兴趣点和技能点，并针对性地培养儿童的特长。该阶段家长对于语言、数理逻辑玩具的投入较多，语言类一般为故事机点读笔，数理逻辑类一般为积木和魔方。对于3～6岁的儿童来说，能够动手创造发挥是他们对于玩具最大的兴趣点所在，同时有一定难度挑战性也很重要。

6～9岁儿童的家长对于数理逻辑能力培养最为重视，所购买玩具益智性也较强（表6-14）。对于该年龄段儿童，玩具具有挑战性是吸引他们的关键。并且随着儿童社交能力的增强，同伴的加入让他们在玩玩具时更为投入，同龄人之间的玩具潮流也很大程度上影响着他们对于玩具的选择。

9～12岁儿童家长面临着小升初的难题，同时他们对于培养孩子逻辑能力、物理化学和编程能力有着很高的期望（表6-15）。家长们在玩具选择上注重挑战性和难度，认为这对孩子的兴趣有很大的影响。同时，家长们的陪伴时间和方式也是关注的焦点，一些家长认为陪玩本身就是一种乐趣，但也有一些家长因为工作繁忙或者对陪玩不感兴趣而感到困扰。

表6-12 0~3岁儿童家长亲和表

儿童性别		对陪伴儿童玩玩具的看法		想培养的能力				
男	女	非常乐意	会陪但有想法	语言	思维逻辑	人际能力	动手能力	其他
USER1 乐乐-1 20月 USER3 道远 2岁 USER4 远走高飞 2岁	USER1 乐乐-2 20月 USER2 晴空-2 2岁 USER5 芊-2 2岁 USER18 陶老师 2岁	USER1 24 小时在家陪伴，不放心奶奶带娃，耐心引导孩子玩，家长陪伴让孩子持续对玩具感兴趣 USER2 大部分时间陪着孩子，各有得人带	USER3 妈妈作为全职大全天照顾孩子，爸爸陪伴很少，累肯定得老人带 USER6 自己工作很忙，买玩具让孩子自己玩，希望孩子能自己玩，但能陪还是陪 USER4 只要我有空，而且不是我特别劳累的情况下就会陪，会吸引孩子玩玩具 USER18 孩子成长需要陪伴，家长要尽可能引导孩子玩	USER4 培养他的表达能力的，他要直接大胆了当地说出自己想要的东西。再大些才会培养语言能力 USER18 还想培养她的语言表达能力	USER2 智力和动手方面的 USER18 最想培养空间思维、数理逻辑	USER1 孩子胆小，想让她多接触人 USER3 教育孩子要懂礼貌，言传身教身边人的称呼，注重性格与品德的培养	USER4 通过早教机内的音乐或者视频教孩子动手操作	USER6 年龄还小，不知道

购买过的益智玩具						孩子最喜欢一个玩具的原因			
语言	数理逻辑	人际能力	空间	音乐	运动	有挑战难度	声光交互	动手创造	其他
USER1 主要买巧虎玩具，还买过三字经可以发声可以的书，那数字天平那种玩具	USER3 积木和拼图，锻炼思考能力 USER18 买过数字天平那种玩具	USER4 会保话的汤姆猫，孩子可以跟他对话	USER6 积木，大宝和小宝一起玩 USER18 买过积木	USER3 早教机里面有儿歌和音乐，可以哄睡孩子 USER18 买过音乐玩具，比如敲击玩具，缩小版乐器	USER4 买过小皮球	—	USER18 儿童喜欢围着轨道转圈，有声音或者快乐一直在响的小火车 USER4 儿子最喜欢会说话的汤姆猫玩具，因为可以对着它说话，和他开朗的性格也有关系	USER1 女儿喜欢精细操作的玩具和乐高积木 USER18 可以自由创造，有一定难度，孩子挑战成后有成就感	USER6 女儿喜欢精细操作的玩具和乐高高积木 USER6 玩法多样，不单一

表6-13 3~6岁儿童家长亲和表

儿童性别		对陪伴儿童玩玩具的看法		想培养的能力				
男	女	非常乐意	会陪但有想法	语言	思维逻辑	人际能力	动手能力	其他
USER3 菱角3岁 USER5 芋一5岁 USER6 安4岁 USER9 昙花一现5岁 USER10 醉清风5岁 USER11 注视风铃的眼睛5岁 USER14 Sunflower 3岁 USER17 洛城日月贝3岁 USER19 文少5岁 USER24 胡老师6岁 USER25 Rai gai w 5岁	USER7 阿拉伯鸡腿饭6岁 USER15 陈老师6岁 USER16 YANG 4岁半 USER21 USER23 四块方糖咖啡3岁2个月	USER6 大多数时间都是自己陪孩子玩，觉得陪伴也是自我放松的方式 USER11 会更加在意陪伴的质量而不是次数 USER10 孩子成长需要陪伴，家长要尽可能陪伴，绝对不会感到厌倦，同时陪孩子就会心软，同时陪伴孩子也是自我放松的好时机 USER14 USER21 孩子有困难了就会要陪伴 USER19 陪玩孩子玩也是在引导他 USER23 很享受这个过程，可以记录孩子的成长和事件的想法	USER3 自己工作忙陪的较少，但能陪都陪，但觉得 USER7 儿童玩具无趣陪无聊 USER9 除了孩子上学基本都在一起，会有感到劳累的情况 USER11 有感到厌倦的时候，只能洗让小孩子一个人自己玩 USER15 家中老人陪得比较多，家一般是下班回家会选择偶尔陪孩子玩 USER16 我通常会在一旁看着外婆陪孩子玩 USER17 时间久了可能会产生厌烦，但还是要积极地陪伴孩子 USER19 回家了就能陪孩子，周末也会带孩子出去玩，但低龄儿童玩具比较无聊 USER22 会引导孩子玩，孩子能独立玩的就会坐在旁边玩手机，希望能有大人小孩都能的玩的 USER25 有一小部分时间觉得孩子调皮型的感到心累	USER16 目前最想培养孩子社交和语言方面，经常陪孩子读绘本 USER19 一直在培养语言思维 USER9 暑暑假会上培训班语文课、练字课 USER6 会教孩子拼音，有让孩子背诗这种，有让他们上演讲班 USER10 会拿着卡片教孩子认字，想让他们上小学前多会一点	USER7 注重思维逻辑培养，网络、线下课程，玩具的方式都有尝试过 USER10 大脑开发，提升思维，自主思考能力，自我意识 USER11 一些简单的数字加减，包括一些思维上的培养，以适应未来学习 USER22 数学类，想让他变得更聪明一点，提高智力		USER14 希望能培养孩子的动手能力 USER17 想培养宝宝的想象力、动手能力和自主思考能力，注重让宝宝玩积木、拼图教宝去玩学类的玩具，更早地让他们接触益智类东西，有助于宝宝成长	USER6 音乐能力，孩子很喜欢音乐，后面会送孩子去上乐器课 USER15 我会选择生活习惯，运动能力，他的学习相关能力会排在后面。 USER16 孩子大一些可能会培养家务和生存能力 USER21 现在阶段只想让他玩，有兴趣尝试，她去试，比校想培养的是她的运动能能力，因为她性格不喜欢出门 USER22 USER23 还有画画的这种天赋之类的 USER24 个性的培养，自主思考 根据孩子自己的兴趣（科普类、乐高，科学如识等）来深度培养孩子的能力、幼小衔接能力、社会交往能力

续表

| | 购买过的益智玩具 | | | | | 孩子最喜欢一个玩具的原因 | | | |
语言	数理逻辑	人际能力	空间	音乐	其他	有挑战难度	声光交互	动手创造	其他
USER5 智能故事机：让孩子了解一下故事内容，还有晚上没时间给孩子讲故事的时候可以让故事机讲给他们听 USER9 汉语拼音 USER16 学习卡：上面有简单的学习字母或数字，能教育孩子，在玩中学 USER23可以发声东西 USER23可以发声的认字挂卡 USER15 点读笔 USER21 故事机	USER5 魔方、加减法玩具 USER9 魔方、数字拼图、乐高积木 USER10 魔方、九宫格、象棋、桥牌 USER15 解密、魔方、乐高USER15 USER16 乐高、拼图、积木 USER 买过积木和拼图，女儿可以拼七十几块拼图并自己发现方法 USER19 买乐类玩具，还买装类玩具、小汽车过魔方、小汽车		USER6 积木 USER14 积木、雪花片、模型、乐高 USER23 立体俄罗斯方块	USER5 智能小钢琴：既能培养孩子的音乐能力，也让他们觉得不那么无趣 USER15 音乐小玩具 USER16 买过跳舞毯，可以让孩子跟着律动音乐节奏跳起来 USER23 可敲击小钢琴	USER7 所有类型的益智玩具都买了，适龄或孩子感兴趣就买，全方面培养 USER10 战术游戏培养，指挥协调能力 USER11 自然观察类玩具 USER22 还买过画板，因为孩子很喜欢画画，觉得他有天赋USER25 运动类	USER5 儿子喜欢玩需要脑力的 USER10 具有挑战性，通关难度适中的	USER11 儿子最喜欢小火车玩具，开起有火车的声音，很吸引他	USER8 最喜欢积木，觉得是因为可以拼造型多 USER11 喜欢乐高，可以创造 USER15 最喜欢乐高，可以一直创造新的东西 USER25 乐高，可以组合出很多东西 USER21 可以重复拼出很多东西 USER22 感觉动手能力比较强，而且他就是喜欢画东西，可能也是觉得好奇	USER6 持续激发孩子的新鲜感 USER9 （魔方）玩法简单、便携 USER17 可能模型类的玩具不需要划多，宝宝只需要划意、随意去模型、随意去打、能给宝宝带来乐趣 USER19 可能因为男生一般都喜欢小汽车，还有就是小时候汽车见得多 USER25 运动类、可以发泄精力

表6-14　6～9岁儿童家长亲和表

儿童性别		对陪伴儿童玩玩具的看法		想培养的能力				
男	女	非常乐意	会陪但有想法	语言	思维逻辑	人际能力	动手能力	其他
USER12 Chihiro 7岁	USER13 Habit 8岁	USER13 能和孩子一起培养感情也是一件美事 USER12 陪小孩子其实也是一种放松 USER24 虽然自己工作也挺忙的，但对家长来说陪孩子本身就是一种幸福		USER13 想培养孩子思维能力、语言能力	USER13 想培养孩子思维能力、语言能力 USER12 因为是男孩，所以更想着重培养孩子的逻辑思维能力	USER12 想培养孩子思维能力、语言能力		

购买过的益智玩具						孩子最喜欢一个玩具的原因			
语言	数理逻辑	人际能力	空间	音乐	其他	有挑战难度	声光交互	动手创造	其他
	USER13 传统积木，乐高、智能积木类玩具 USER12 传统积木教学玩具，对抗玩具，还有模型类玩具					USER13 孩子喜欢具有挑战性的东西			USER12 小孩子喜欢那种酷一点的，觉得好玩的，他们不会想这么多

表6-15　9～12岁儿童家长亲和表

儿童性别		对陪伴儿童玩玩具的看法		想培养的能力				
男	女	非常乐意	会陪但有想法	语言	思维逻辑	人际能力	动手能力	其他
USER2 晴空-1 10岁 USER20 指上菁芜 10岁	USER24 胡老师 12岁		USER20 小时候需要全程陪伴，但现在孩子大了，功课也很多，我偶尔介入，也就是周六周日睡觉前这种陪陪他 USER24 基本上是妈妈陪，觉得花钱去报班教孩子课程可以弥补自己陪伴时间少的缺陷，也希望两个孩子一起玩。需要两个人配合，不会玩需要教，单纯娱乐时会需要父母陪伴	USER20 他上幼儿园的时候就上双语课，然后一年级继续给他报英语课				USER20 会培养他美术，画画方面的爱好 USER24 最重要的是学习，其次就是养成良好习惯

购买过的益智玩具						孩子最喜欢一个玩具的原因			
语言	数理逻辑	人际能力	空间	音乐	其他	有挑战难度	声光交互	动手创造	其他
	USER20 小时候给他买过溜溜球和乐高，现在孩子大了，就给他买那种需要动脑筋的，比如电路玩具，还有化学套装 USER24 棋牌类游戏					USER2 儿子喜欢和爸爸还有楼下大爷下象棋，还有拼乐高，乐高拼出来后大家会夸奖他，他很高兴 USER20 他现在喜欢玩动脑筋的那种玩具，以前的玩具他觉得是小孩玩的			USER20 还喜欢遥控飞机，可能是好奇新鲜事物吧 USER24 喜欢Ipad和小动物，娱乐性质高，有吸引力

6.2.3.4 用户问卷调研

设计小组根据用户访谈及前期桌研结果，从家庭基本信息、购买智能玩具情况、对于智能玩具的偏向性等方面进行了用户问卷的设计及分析。

图6-20展示了问卷收集的基本信息情况，设计小组通过线下渠道共收集了来自全国各地的问卷共240份问卷，筛选后有效问卷共140份，覆盖各年龄段、各收入区、各学历情况、各家庭结构的0~12岁儿童家长，问卷结果具有一定广泛度与普遍性。

图6-21展示了不同年龄段家长对于儿童能培养需求的交叉分析结果，由此可以分析得知：

0~12月的儿童家长对于数理逻辑类能力需求最多。

1~3岁家长对于语言类需求最多，同时对于数理逻辑、空间思维能力培养需求较多。

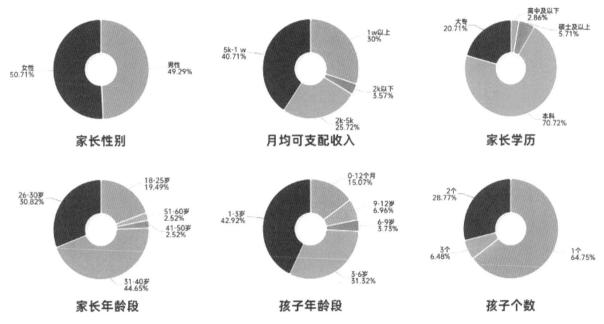

图6-20 问卷基本信息

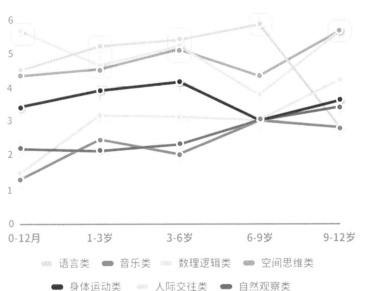

图6-21 不同年龄段儿童能力培养优先级排序表

3~6岁家长对于语言、数理逻辑、空间思维都有较多的需求。

6~9岁家长对于语言类培养需求最多。

9~12岁家长对于空间思维以及数理逻辑培养的需求最多。

图6-22展示了儿童喜欢某种玩具的原因的数据，分析可得儿童喜欢玩具的原因随着年龄变化有着显著的差异，具体结果如下：

对于0~12个月儿童，46.15%的家长认为玩具发声发光的交互效果是吸引他们注意力的关键。

对于6岁以下儿童，在玩玩具过程中是否可以自由创造发挥最能影响他们对于玩具兴趣的持久度。

随着儿童年龄增大，玩具是否有挑战性变得重要，对于6~9岁儿童，这是玩具是否好玩的决定性因素，占到了71.43%。

此外，年龄的增长促使儿童倾向于与同龄伙伴玩耍，而非与家长互动。

根据图6-23可知，64.29%的家长认为孩子成长过程中要尽量陪伴孩子玩玩具，与用户访谈结果吻合。但同时，工作繁忙没时间陪伴、陪玩无聊等问题也较为突出，改善家长的陪玩体验是一大需求。

根据图6-24家长对于智能益智玩具需求的看法可知，家长对于儿童玩具"有多种玩法，能够持续性激发儿童兴趣"的需求最强烈，占比63.3%。此外，对于玩具安全

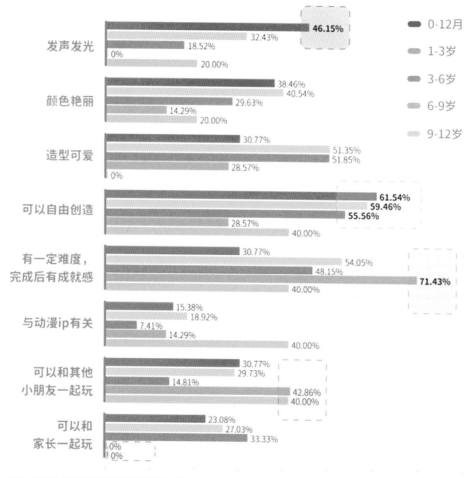

图6-22 儿童喜欢某种玩具的影响原因

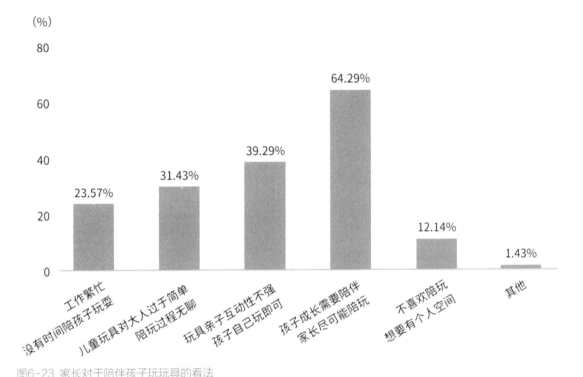

图6-23 家长对于陪伴孩子玩玩具的看法

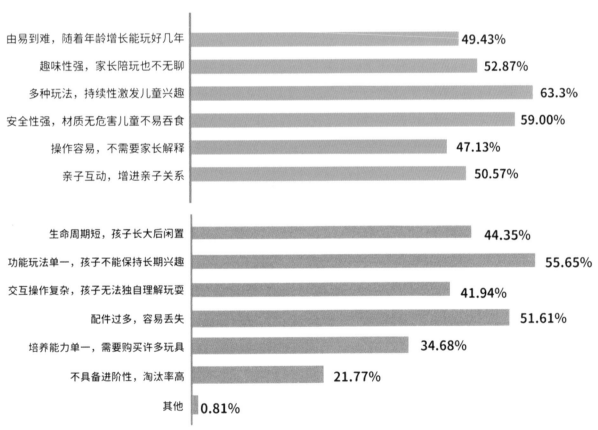

123

图6-24 家长对于对益智玩具需求和现有玩具缺点的看法

性、趣味性以及亲子互动的需求也较多。但从家长对于现有玩具缺点的调研结果来看，一半以上家长认为玩具功能玩法单一，孩子不能长期保持兴趣。综合可知，现有的玩具的功能还无法很好地满足家长的需求，这表明智能益智玩具在多种玩法持续性激发儿童兴趣方面有着很大的改善空间。

6.2.3.5 人群聚类

综合用户访谈与用户问卷结果，设计小组发现随着儿童年龄的变化，在家长购买过的益智玩具、家长对益智玩具投入、家长对儿童能力培养需求、儿童兴趣点等四方面有着较大差异，因此设计团队从以上四个维度按0~3岁、3~6岁、6~9岁、9~12岁四个年龄段对用户人群进行了人群聚类（表6-16）。

表6-16 人群聚类

年龄分组	0~3岁儿童家长 益智启蒙浅尝试 说话社交要重视	3~6岁儿童家长 语言逻辑打基础 孩子兴趣需探索	6~9岁儿童家长 益智培养更重视 同伴竞争燃兴趣	6~9岁儿童家长 物化编程早锻炼 学业为重少玩乐
购买过的益智玩具	不是很多，集中在积木以及语言培养类早教玩具	积木、魔方、点读笔	智能积木、乐高、对抗玩具、模型等	电路玩具，化学启蒙玩具等
对于益智玩具的投入	不是很多，该年龄段可以玩的不多	较多，什么都试试	较少，学习逐渐成为生活重心	学业为重，偶尔买玩具奖助
能力培养需求	对语言能力，社交能力和逻辑思维能力的培养较为重视，除此以外希望探索儿童兴趣方向	幼小衔接是首要需求，对逻辑思维与语言能力的培养较为重视；除此以外希望探索儿童兴趣方向	开始有学业上的压力，部分家长会更看重孩子逻辑思维与语言方面的能力培养	学业负担增加，小升初来临，希望培养逻辑能力，尤其是物理化学还有编程
儿童兴趣点	声光交互反馈吸引注意力；家长陪玩增强兴趣	能持续性自我发挥，创造出新玩法 有一定挑战性	个性化需求更加明显，更喜欢有挑战性的游戏与玩具，喜欢与伙伴竞争	儿童对个性化的玩具提出了更高的要求，转移注意力到一些更为复杂和未知领域

6.2.3.6 用户人群定义

（1）儿童年龄段确定

从家长需求角度分析，在3~6岁年龄段，父母开始注重儿童能力的开发，希望寻找儿童兴趣点。相对于报班等方式，益智玩具是一种成本更低、趣味性更强、更能吸引儿童进行能力启蒙的玩具。

从儿童生理能力角度分析，根据调研结果，3岁以下家长因儿童理解能力不够未购买过智能益智玩具。相比之下，3~6岁年龄段的儿童能够使用有一定复杂度的益智玩具，这为该年龄段儿童的玩具设计提供了较大的发挥空间。

从社会因素角度分析，幼升小衔接引发了家长焦虑，希望孩子在幼儿园提前学习小学知识，提升智力水平以适应小学生活。升入小学后，学业压力增加，学校生活成为重心，家长更愿意对孩子的学习花费精力，对玩具购买的意愿逐年减少。

综上所述，3~6岁儿童能玩一定难度的益智玩具，家长培养儿童能力需求强烈，且家长愿意通过玩具培养儿童能力，因此该年龄段益智玩具市场广阔，并且具有一定的设计发挥空间。设计小组最后将3~6岁儿童及其家长定为目标人群。

（2）用户画像

设计小组根据用户访谈结果、用户问卷结果、确定的目标人群绘制了用户画像（图6-25）。

买玩具考虑因素

想培养的孩子的能力
- 数理逻辑
- 语言
- 人际交往
- 音乐
- 身体运动
- 自然观察

小小美的性格特点

安静	●	好动
内向	●	外向
专注	●	跳跃

能接受的玩具的价格区间　100-500 元

小美
32 岁　外企白领
无锡　月收入 8k

小小美
5 岁　幼儿园

小小美的爱好
什么都感兴趣，最喜欢画画

小美美喜欢的玩具
积木、画板、故事机

小美的诉求

1. 小小美现在上中班了，看她同学家长都在教孩子认字拼音小学数学课程了，我其实挺着急的，但又想给孩子一个快乐的童年，希望她能在玩的过程中快乐地学一些小学知识。

2. 想从小给小小美培养一个兴趣爱好，希望小小美在玩玩具的时候能有启蒙的作用，帮助小小美找到她的兴趣所在。

3. 我平时上班还是挺忙的，虽然很愿意也尽可能陪小小美玩具，但又希望回家后能获得一些放松，很难选择

小美的诉求关于用户

我和老公都在企业里工作，工资还可以，但平时也不是空，平时小小美的外婆有帮忙带她，给孩子买玩具我们还是很舍得的，只要孩子能玩得开心我就觉得花得值，同时能锻炼一下她的能力，寓教于乐那就更好不过了

小小美的诉求

1. 每次妈妈给我买新玩具我都很开心，但有些不会动，一直一个样子，好没劲，还有些好难我不会玩。

2. 最喜欢妈妈爸爸和我一起玩玩具了，但他们总是只有晚上在家，和我一起玩的时候还总是在玩一个机器，我去抢着玩他们还不让我玩。

3. 我最喜欢玩积木了，因为每次都能拼出新的样子，我未来好想成为建筑师。

4. 不喜欢妈妈教我认字还要背书，好无聊

图6-25 用户画像

6.2.4　针对语言类智能益智玩具的补充调研与分析

6.2.4.1　学龄前儿童语言学习方法研究

（1）图式理论法

图式理论由德国哲学家康德提出，指人脑中已有的经验网络。该理论可以辅助具象化语言学习，如汉字字形、字音和字义的认知。通过认知的过滤筛选而成为整体的认识，建立新的图式模式，从易到难发挥形声字的作用，达成联系旧知、再学新知识的意义。

（2）联想规律法

联想规律在儿童语言学习中起关键作用，指的是通过将不同事物的表象联系起来进行记忆。学龄前儿童依靠知觉直观感识字，无意性和具象性思维占主导地位。可以通过结合图像记忆的方式解决汉字难记难题。

（3）字源识字法

字源识字法是一种通过追溯汉字形体来源进行学习的方式，通过多种方式展现汉字的演变过程，加深儿童对汉字及其文化的认识。该方法有助于学龄前儿童将字形与字义建立联系，了解汉字从甲骨文最终演化为现代汉字的过程。同时，该方法可以充分挖掘凝练在汉字字形中的文化传承，利用"意象性"符号象征实体的方式也与幼儿的具体形象思维十分吻合。

（4）听读学习法

根据艾宾浩斯遗忘曲线，儿童对语言知识的遗忘遵循一定的规律。在学习过程中，持续保持对新知识的兴趣和及时重复巩固是必要的。图式理论法和联想规律法能帮助儿童产生系统性认知和全面化梳理，并能联系日常生活中的语言知识。适当快速记忆的方式能够辅助补充汉字体系，构建完善的汉字网络架构。

6.2.5　需求总结与产品初步定义

6.2.5.1　需求清单

（1）能力培养需求：语言能力、数字逻辑能力、兴趣探索能力。

（2）玩具基础需求：材质安全、价格合适、易收纳、易清洁、造型美观、功能实用、适龄、便捷和质量耐用。

125

（3）语言学习需求：语音反复播放汉字、成语、诗词以增强儿童印象。在学习诗歌时，利用可视化的形式，还原场景帮助儿童真正理解成语、诗句；以动画、故事的形式帮助儿童理解从具象物体到文字的变化帮助儿童理解汉字；用趣味化交互引发儿童对偏旁组合变化的好奇心，帮助儿童理解字形，找到偏旁部首与发音之间的规律联系；自动识别错误并施以纠错示范，减少家长辅助解释的工作量。

6.2.5.2 需求筛选

设计小组针对初步的需求进行了两轮七点量表的发放，共收回了56份有效问卷。通过对问卷调研的信息整理与总结，设计团队将原有的需求进行分级与筛选，为后续设计提供需求重要性参考（表6-17）。

6.2.5.3 产品定义

该玩具旨在帮助3~6岁儿童进行国学语言学习，使用具象化内涵的方式让孩子从根本上理解语言知识，依据孩子的年龄及学习能力匹配汉字、成语、古诗的成长递进式学习。同时，增加多样化的互动方式和声光反馈，持续性提升儿童兴趣。

表6-17 需求筛选问卷（**代表一级需求，*代表二级需求）

需求分类	具体需求	需求评分
能力培养需求	语言能力**	6.11
	数字逻辑能力	4.44
	兴趣探索能力	4.32
玩具基础需求	材质安全**	6.34
	价格合适*	4.98
	易收纳	4
	易清洁	4.25
	功能实用*	5.33
	适龄**	6.67
	便携	3.78
	质量耐用**	6.11
	造型美观*	5.07
儿童与玩具交互需求	儿童能自己发挥创造**	6.22
	完成后有声效光效反馈**	6.56
	玩具具有一定挑战性，完成后获得激励	4.22
	难度循序渐进，让孩子慢慢适应*	5.11
	添加模块增加玩法，持续性吸引兴趣*	5.43
	难度可调节，孩子可以玩几年	3.78
	玩法操作方式多样化*	5.44
	玩法合理的提示说明	3.89
	拟人化给予儿童陪伴感	4.11
人与人互动需求	操作不复杂，儿童在简单指导后能操作**	6.11
	自己忙的话孩子能自己独立玩*	5.23
	对于家长陪玩也有一定趣味性不无聊	3.78
	儿童与同伴共同玩耍	3.62
	家长参与解锁更多玩耍模式*	4.89

6.2.6 设计过程

6.2.6.1 设计方案发散收敛

（1）初步方案

依据产品定义，进二十分钟初轮草图方案的产出（图6-26）。

（2）用户回访

设计团队将这二十个方案交由数位访谈用户进行回访评述，参考他们的意见，充分考虑产品在儿童与家长用户之间的接受度，听取访谈用户针对玩具趣味性、实用性、便携性、教育考量以及学习难度方面的反馈（表6-18）。最终，设计团队在二十个方案中筛选了三个。

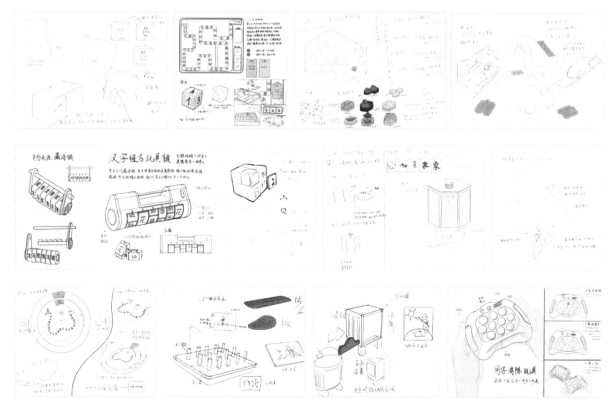

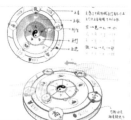

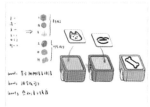

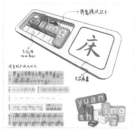

图6-26 初步方案

表6-18 用户回访

注视风铃的眼睛 **35岁** **企业管理工作** **儿子5岁** **三口之家**	启发性很强，将具象到理性的教育方式运用得很好，更容易引起孩子的兴趣。体积可以大一点。让孩子觉得汉字很了不起。唯一不足的是感觉更适合3岁左右的小孩，启蒙性强一点
	我觉得孩子年龄大一点玩更合适，小一点我觉得会有难度。这个玩具会提高他的专注力。我觉得还是6岁的时候玩会比较好一点，然后益智性也更强一点
	孩子确实有不理解直接强行背的时候，而且诗词是最讲究意境的，对诗词的理解是从小开始浸染的，会让孩子从小就有诗书气，虽然孩子会慢慢拼，拼很久，但是可以记很久
	我觉得我不太会买，我的兴趣度不高。如果孩子看到别的孩子有这个玩具，他也感兴趣，我可能会给他买。如果孩子没提这个东西，我可能主观上不太想给孩子买
	因为我的孩子很喜欢模仿，所以我很喜欢这个工具。如果孩子5岁了可以认复杂一些的字形，我觉得这个是不错，同时还能联系思维能力。我觉得孩子本身就很喜欢，让他去练会很乐意
	我作为一个母亲来说，我感觉让孩子对汉字感兴趣就够了。我感觉把汉字这么复杂的演变过程，让孩子去理解、去欣赏，他不具备这个能力，我觉得我可能会感兴趣
四块方糖的咖啡 **27岁** **餐饮店主** **女儿3岁** **三口之家**	可以，我觉得这个理念蛮不错的，我感觉很新颖，对我女儿这个年龄刚好合适。我觉得相较于其他的那种较为书面化的学习，这个很能帮助到她，能更加吸引她的注意力，她也更愿意去了解这个字
	那相当于帮助孩子学拼音、拼写，这可能对我女儿来说有点难，但父母可以一起引导。可能孩子对语言的学习兴趣变多了，亲子关系变好了，孩子的学习能力也变强了
	我觉得我家孩子如果刚开始接触这个东西是会有点难以理解，因为她平时不会接触到这些东西，我想可能还需要跟她解释一下图画
	我觉得这个还挺有意思，感觉像语文和数学相结合的教学模式，我觉得蛮有意思的，但可能适合年纪稍微大一些的孩子
	魔方其实很多大人都玩不明白，对于孩子来说太难
	我觉得光对孩子的吸引力蛮大的，晴天在树下的时候会有很多光斑、树影，孩子都去踩那些影子。这种学习模式我觉得是很不错的，但是我孩子还不适合这种玩具

6.2.6.2 方案一可行性分析

　　方案一的设计灵感来源于美泰别墅，每个方块里是一个偏旁部首（图6-27）。倾斜方块会随着重力滑动，转方向时，偏旁会产生从具象物体到甲骨文再到汉字的变化，帮助儿童理解汉字的形成。摇晃时，会产生光效和声效，声效内容是偏旁介绍，读偏旁。当把两个偏旁磁吸拼在一起时，会产生串门的交互效果，其中一个偏旁会出现在另一个方块中，组成一个文字，帮助儿童理解字形、偏旁构成。家长手机端可以更换方块内内容，有更多方块时每个字可以串门组成成语。

　　这一方案采用的技术功能包括：主板、蓝牙通信、GIF图片储存、屏幕显示、测旋转水平、语音播报、触点检测（图6-28）。

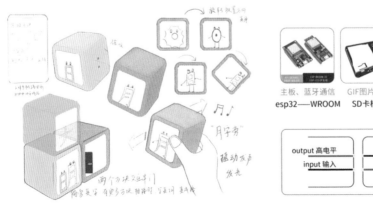

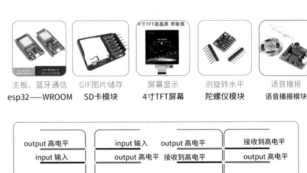

图6-27 方案一　　　　　　　　　　　　　　　图6-28 方案一技术功能

6.2.6.3　方案二可行性分析

根据方案二的设计，玩具会逐字逐句播放重要的意象内容，对应底座上的某个空位亮起，孩子需要根据自己的理解尝试将意象模块放入空位中（图6-29）。故事读完并拼合完成后，通过ipad端AR结合，玩具可以描绘出更加真实的浮动的画面。同时，玩具端的模块上下浮动或旋转，以配合意境的动态特征，并用语音播报故事的解释及画面内容。

在这一方案中，主要技术部件及功能有主板、蓝牙通信、信息提示、语音播报、vuforia物理三维物体作为目标物体、调节等级、开关、模块识别、等级显示、unity AR实现虚拟与现实叠加（图6-30）。

6.2.6.4　方案三可行性分析

方案三的设计思路是：将拼音的形状抽象化成积木，产品的凹槽模拟四线格，让孩子学习四线格中拼音的正确位置和写法。当孩子把拼音积木放在凹槽中进行排列组合时，产品根据nfc识别分析拼音积木的读音，并在屏幕上显示对应汉字。不同类型拼音颜色不同，方便孩子通过颜色区分拼音；拼音积木具备基础积木功能，形状各异的积木还可以增加游戏乐趣（图6-31）。

方案三的主要技术部件及功能有主板、蓝牙通信、GIF图片储存、屏幕显示、语音播报、NFC识别模块、NFC模块贴片、信息提示（图6-32）。

综合考虑设计的可玩性，技术实现难度，商业拓展空间，以及前期调研得到的各类用户需求与回访用户中给予的建议，设计团队最终选定方案———"自在方由"作为设计团队最终的产品设计方案。

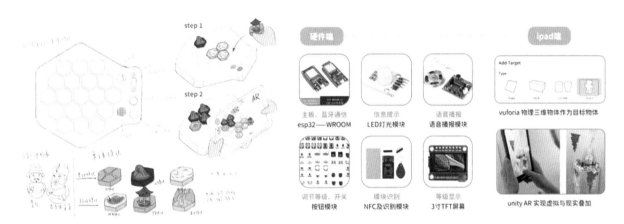

图6-29 方案二　　　　　　　　　　图6-30 方案二技术功能

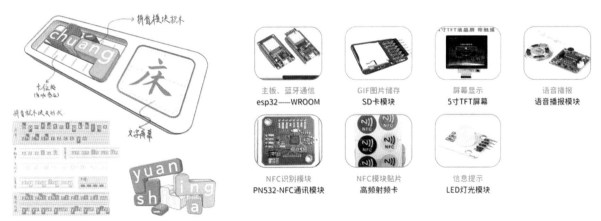

图6-31 方案三　　　　　　　　　　图6-32 方案三技术功能

6.2.7　产品交互设计

6.2.7.1　交互方式介绍

方由一共有四种交互方式——吸、转、拍、摇，分别对应不同的使用场景（图6-33）。"吸"指的是两个或者多个方块磁吸后，产生跨屏幕交互，让儿童在拼搭的过程中产生体验的快乐。"转"指的是通过旋转方块，方块中的画面跟随重力效果运动，同时变化形态，增强实体交互感。"拍"指的是拍打方块可以操控方块内物体完成一些动作，或者进行一系列小游戏。"摇"指的是摇晃方块可以触发声音反馈，介绍方块内的内容，并进行下一步引导提示。

6.2.7.2　交互案例介绍

汉字主题以日-月-明的汉字演变及偏旁部首组合为例（图6-34）。孩子可以转动方块，屏幕中的"日"字会随着重力作用转变角度，同时发生汉字日-甲骨文日-具象化太阳形象的内容切换以及播报相关的语音介绍。摇晃方块，语音提示会与另一个带有"月"字的方块结合，"月"跨过屏幕与"日"结合，拼合成"明"字。随后播放月亮落下、太阳升起的动画，以解释"明"字的含义。

方由交互
过程演示

图6-33 交互方式

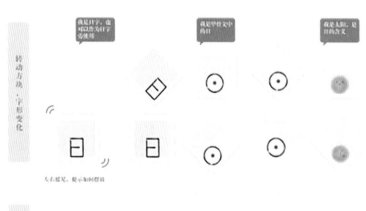
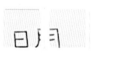

图6-34 日·月·明

成语主题以"鹬蚌相争，渔翁得利"为例（图6-35）。首先将鹬、蚌所在的方块磁吸在一起，儿童拍打其中一个方块的磁吸点位，该侧的动物将发起对另一方的攻击，让孩子在交互过程中理解"鹬蚌相争"的视觉体验。孩子结合上渔夫所在的方块后，渔夫从画面中出现并望向鹬蚌争夺的场景，伸出叉子跨过屏幕将鹬蚌共同捕获，渔翁也因此得利。

古诗主题以骆宾王的《咏鹅》为例（图6-36）。在一个方块中，七岁的骆宾王在河岸俯身玩耍，将这个方块和大鹅所在的方块结合后，孩童转头发现鹅，发出"这只大鹅好可爱"的感叹，小手跨屏幕摸鹅的头部。

图6-35 鹬蚌相争，渔翁得利

图6-36 咏鹅

随后，鹅引吭高歌，骆宾王边摇头边吟诵起"鹅鹅鹅，曲项向天歌。"的经典诗句。在鹅所在的方块右侧磁吸上另一个空池塘画面的方块后，鹅跨屏幕向另一片池塘游去，孩童的视线紧随，看到鹅掌上下摆动泛起的水波，吟诵起"白毛浮绿水，红掌拨清波。"的诗句。

6.2.7.3　产品造型设计

考虑到玩具的交互方式与硬件配置，设计团队选择以立方体为基础、一面为屏幕，周围四面带有磁吸接口端的造型方向（图6-37）。在造型探索与设计的过程中团队参考了多种类似立方体形态的产品，如迷你音响、监控摄像头、解压玩具等。

（1）草图发散

设计团队通过手绘草图发散等方式进行形态探索，分别设计了可爱、极简、国风、仿真的四种草图方案（图6-38）。近年来，国风手办备受年轻人喜爱，国风的产品外观也更贴合交互界面，让孩子学习汉字的同时感受国风之美。因此，团队最终选择极简圆角立方体造型为基础设计一款国风外观玩具。

（2）建模探索

在国风玩具的造型设计过程中，发现传统国风不适合儿童玩具，最终设计团队选择用树脂壳搭配灯光，

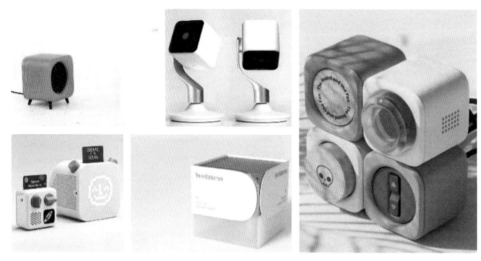

图6-37 造型参考

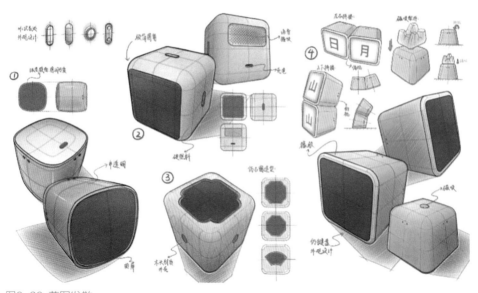

图6-38 草图发散

模仿传统艺术——纸雕灯。纸雕灯也称为浮雕灯，起源于中国汉代的纸雕艺术之一。该设计通过结合立方体造型和灯光照射，营造出简洁的立体感和东方文化的隐秘感，同时让孩子在探索中学会多角度观察能力。透光灯罩可拆卸更换，让孩子欣赏不同浮雕图案（图6-39）。

设计师先初步设计灯罩五个面的图案，再将草图导入建模软件并使用样条曲线进行描摹。根据不同面积的透光程度拉伸不同厚度，将每层厚度集成，在内部对每个面进行倒膜，最后多面整合成一个灯罩（图6-40）。

（3）CMF推导

建模后通过C4D渲染模拟不同CMF下的效果，确定采用实心塑料与半透明塑料的材质，在此基础上设计三种版本的配色：水墨效果、国潮撞色与简约风（图6-41）。

经过设计实践，前两种配色都不适合，这是因为水墨对于儿童接受度低不适合用于儿童产品外观；国潮撞色虽然鲜艳活泼却容易造成审美疲劳，与交互界面风格迥异。与前两种方案相比，以白色与软琥珀色为主色、橙红色作为点缀色的简约风，不仅适配品牌定位，也能达到国风与童趣结合的效果。

图6-39 浮雕图案设计

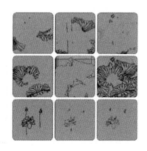

图6-40 建模探索

图6-41 CMF迭代

（4）产品结构设计

产品结构分为前壳与透光灯罩两部分，前壳包含外壳、两个隔板与盖子（图6-42）。1号隔板分隔屏幕与主板，2号隔板固定扬声器与蓄电池。前壳上面打孔便于震动模块识别与扬声、下面有充电口与开关、左右面设计辅助拆卸凹槽，方便更换透光灯罩。

最终产品的尺寸设定为92mm×92mm×95mm，一方面该尺寸可以容纳所有硬件；另一方面，约10cm³立方体更符合人机工程学，适合4~6岁儿童使用双手进行翻滚把玩。

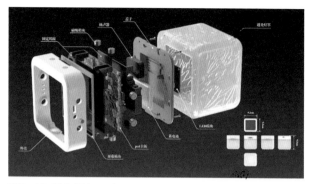

图6-42 爆炸图与尺寸

6.2.8 智能方案设计

6.2.8.1 硬件设计

因选择的4寸TFT方屏使用40脚spi通信，考虑到连接稳定性，所以进行了PCB板设计（图6-43）。将ESP32s3 N8R16芯片作为主控芯片，该芯片内设低功耗蓝牙、WIFI等功能，同时设计了开关机、SD卡读取、MAX98327音频放大器、MCP23017 16路IO扩展、MPU6050三轴陀螺仪、CH340K串口下载、TP4056X充电等外设电路，以实现在较小空间内实现功能（图6-44）。

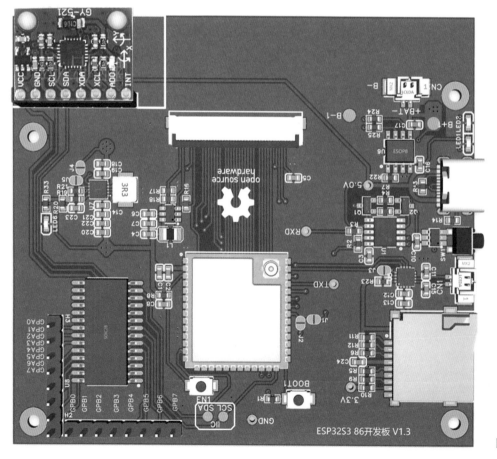

图6-43 PCB板设计

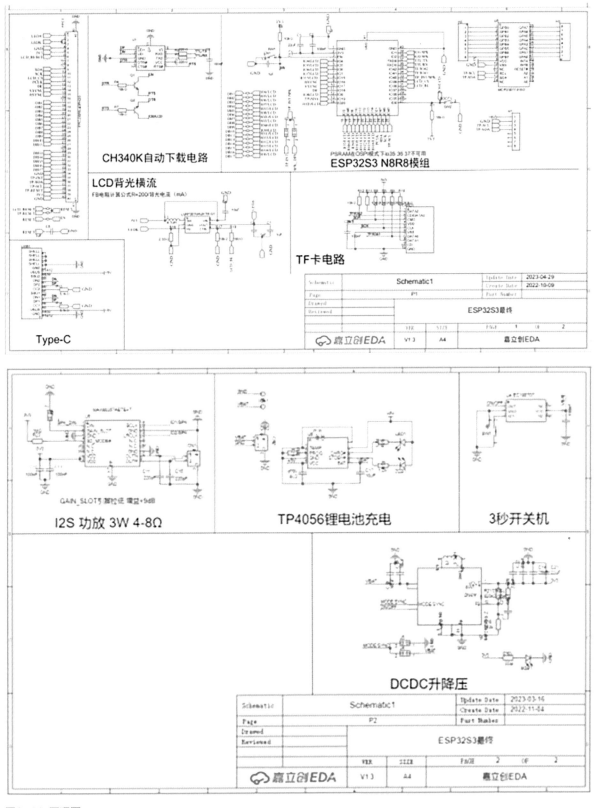

图6-44 原理图

为符合正方形、尺寸适合播放动画、适合儿童抓握的需求，"方由"采用了华显科技4寸TFT方屏，分辨率为480*480，接口类型为40pin spi，驱动芯片为ST7701S（图6-45）。

为实现模块间准确的识别与交互，设计需要判断上下左右哪一个边磁吸到其他模块，并识别到的具体是哪一个方块。这涉及三个及以上模块互相交互，磁吸开关、i2c主从机、NFC等方法均不适用（图6-46）。为了解决这一问题？在MCP23017 IO扩展芯片上设置4个输入引脚以及4个输出引脚，输出引脚间断输出高低电平电流，不同模块频率不同，磁吸后输入引脚对输入高低电平频率进行检测来判断吸上的是哪个模块（图6-47）。

6.2.8.2　Arduino程序设计

Arduino程序整体逻辑核心为一个32位的整型变量，它的四个十六进制数分别由不同检测模块控制，由此来控制画面中视频的播放（图6-48）。当视频编号（mjpeg_id）切换时，程序会判断该视频是否有配套音频需要播放，开启音频播放任务。

图6-45　4寸TFT方屏

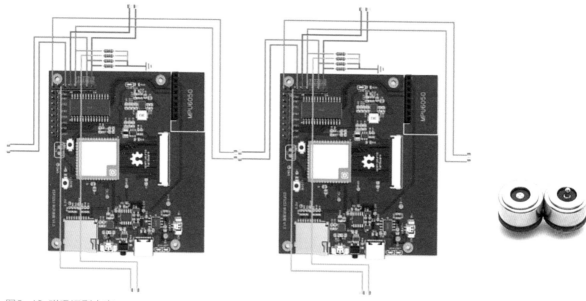

图6-46　磁吸识别方案

图6-47　电磁铁

图6-48　整体编程逻辑

触点识别部分程序（图6-49），定时器1中断函数每50毫秒进入一次，进行频率识别判断，定时器2中断函数在不同设备编号下进入的间隔时长不同，实现不同设备不同频率的高低电平切换。利用定时器中断函数进行该部分程序设计，避免因主程序运行一遍时间过长而导致的时间判断不精确。

音频播放部分程序（图6-50），利用linux虚拟机将wav音频转为c语言数组，用.h文件播放音频，并使用Freertors实时操作系统实现音频播放Task与主函数loop循环同时运行。即在播放一遍后将任务删除，等待下一次播放任务开启命令。

视频播放部分程序（图6-51），通过if语句判断帧是否存在来判断视频是否播放结束，播放结束后进入判断部分，判断接下来播放哪个视频，放置在主程序loop中，通过loop循环实现播放。

陀螺仪检测部分程序（图6-52），定时器3中断函数每5毫秒进入一次，进行数据检测，陀螺仪检测到的原始数据通过卡曼滤波后转换为姿态角，通过姿态角的区间判断四个旋转状态。同时，设计只有在相同旋转状态下保持一秒钟状态才计入变化的语法，避免旋转过快时视频播放错误。

6.2.8.3 微信小程序设计

微信小程序整体采用浅咖色调，给人以古朴、素雅的第一印象。页面设计考虑到儿童用户的心智水平，采用了简单的设计（图6-53）。

蓝牙连接按钮部分程序（图6-54），在每一次按下连接蓝牙按钮时，先关闭蓝牙适配器，然后开启蓝牙连接发送数据，重复三次，以实现更新三个模块中的图像内容。

AR部分程序，适配轻量化使用体验，使用第三方制作平台 KIVICUBE 搭建场景，以空间立体化的形式拓宽了产品的学习模式（图6-55、图6-56）。

```
timer1.attach(0.05,timer1_cb);

if (function_id==1){timer2.attach(0.1,timer2_cb);}
else if (function_id ==2){timer2.attach(0.2,timer2_cb);}
else if (function_id ==3){timer2.attach(0.3,timer2_cb);}
else if (function_id ==4){timer2.attach(0.4,timer2_cb);}
timer3.attach(0.005,timer3_cb);

void timer1_cb()
{
    for (int i=0;i<4;i++)
    {
    instate[i] = mcp.digitalRead(i);
//    Serial.println(instate[i]);
    if (instate_old[i]!=instate[i])
    {
    time_frq_read[i] = millis()-uwTick_In_Set_Point[i];
    uwTick_In_Set_Point[i] = millis();
//    instate_old[i]=instate[i];
    Serial.println(time_frq_read[i]);
 if ((90<time_frq_read[i])&&(time_frq_read[i]<110)) {id_read[i]=1;}
    else if ((190<time_frq_read[i])&&(time_frq_read[i]<210)) {id_read[i]=2;}
    else if ((290<time_frq_read[i])&&(time_frq_read[i]<310)) {id_read[i]=3;}
    else if ((390<time_frq_read[i])&&(time_frq_read[i]<410)) {id_read[i]=4;}
    }
    if((millis()-uwTick_In_Set_Point[i])>500) {id_read[i]=0;}
    instate_old[i]=instate[i];
    }
}
void timer2_cb()
{
    outstate  = 0x01;
    mcp.digitalWrite(4,outstate);
    mcp.digitalWrite(5,outstate);
    mcp.digitalWrite(6,outstate);
```

图6-49 触点识别部分程序

```
timer1.attach(0.05,timer1_cb);

if (function_id==1){timer2.attach(0.1,timer2_cb);}
else if (function_id ==2){timer2.attach(0.2,timer2_cb);}
else if (function_id ==3){timer2.attach(0.3,timer2_cb);}
else if (function_id ==4){timer2.attach(0.4,timer2_cb);}
timer3.attach(0.005,timer3_cb);

void timer1_cb()
{
    for (int i=0;i<4;i++)
    {
    instate[i] = mcp.digitalRead(i);
//    Serial.println(instate[i]);
    if (instate_old[i]!=instate[i])
    {
    time_frq_read[i] = millis()-uwTick_In_Set_Point[i];
    uwTick_In_Set_Point[i] = millis();
//    instate_old[i]=instate[i];
    Serial.println(time_frq_read[i]);
 if ((90<time_frq_read[i])&&(time_frq_read[i]<110)) {id_read[i]=1;}
    else if ((190<time_frq_read[i])&&(time_frq_read[i]<210)) {id_read[i]=2;}
    else if ((290<time_frq_read[i])&&(time_frq_read[i]<310)) {id_read[i]=3;}
    else if ((390<time_frq_read[i])&&(time_frq_read[i]<410)) {id_read[i]=4;}
    }
    if((millis()-uwTick_In_Set_Point[i])>500) {id_read[i]=0;}
    instate_old[i]=instate[i];
    }
}
void timer2_cb()
{
    outstate  = 0x01;
    mcp.digitalWrite(4,outstate);
    mcp.digitalWrite(5,outstate);
    mcp.digitalWrite(6,outstate);
```

图6-50 音频播放部分程序

```
void Vedio_Disp (uint16_t ii)
{
    SPIClass spi = SPIClass(HSPI);
    spi.begin(48 /* SCK */, 41 /* MISO */, 47 /* MOSI */, 42 /* CS */);
    SD.begin(42, spi, 80000000);
    if (play_flag == false)
    {
        switch (ii)
    _____
    free(mjpeg_buf);
    mjpeg_buf = NULL;
    mjpegFile = SD.open(MJPEG_FILENAME, "r");
    mjpeg_buf = (uint8_t *)malloc(MJPEG_BUFFER_SIZE);
    if (mjpeg_buf == NULL)
    {
        exit(1);
    }
    mjpeg.setup(
        &mjpegFile, mjpeg_buf, jpegDrawCallback, true /* useBigEndian */,
        0 /* x */, 0 /* y */, gfx->width() /* widthLimit */, gfx->height() /* heightLimit */);
    play_flag = true;
    }

    if (play_flag == true)
    {
        if(mjpegFile.available() && mjpeg.readMjpegBuf())
        {
            mjpeg.drawJpg();
        }
        else{
            //int time_used = millis() - start_ms
            Serial.println(F("MJPEG end"));
            mjpegFile.close();
            if((order_id>0)&&(id==3))
            {
                order_id--;
            }
            if((order_id>0)&&(id==1))
            {
                order_id--;
            }
            if(mjpeg_id == 0x2111)
            {
                if(play_pat_times==0)
                {
                    mjpeg_id = 0x2110;
                    pat_state = 0x00;
                }
                play_pat_times--;
            }
            play_flag = false;
        }
    }
}
```

图6-51 视频播放部分程序

```
void timer3_cb( )
{
    mpu6050.update();
    angelx = mpu6050.getAngleX();
    angely = mpu6050.getAngleY();
    if ((angelx<90)&&(angelx>20)){rotate1 = 0x01;}
    else if ((angely>-90)&&(angely<-20)){rotate1 = 0x02;}
    else if ((angelx>-90)&&(angelx<-20)){rotate1 = 0x03;}
    else if ((angely<90)&&(angely>20)){rotate1 = 0x04;}
    if (rotate1 == rotate_old)
    {
        if ((millis()-uwTick_State_Change_Set_Point)>1500)
        {
            uwTick_State_Change_Set_Point = millis();
            rotate_change = rotate1;
            rotate_state = (rotate_change_old<<4) | rotate_change;
            rotate_change_old = rotate_change;
        }
    }
    else
    {
        uwTick_State_Change_Set_Point = millis();
    }
    rotate_old = rotate1;
    ax=mpu6050.getGyroX();
    ay=mpu6050.getGyroY();
    az=mpu6050.getGyroZ();
    shake = ax*ax+ay*ay+az*az;
    if(shake >250000)
    {
        shake_state = 0x01;
    }
    else
    {
        shake_state = 0x00;
    }

    if((id == 2)&&(connect_state ==0x01)&&(function_id ==0x01))
    {
        if(mcp.digitalRead(14)==0x00)
        {
            play_pat_times = 1;
            mjpeg_id = 0x2111;
        }
    }
}
```

图6-52 陀螺仪检测部分程序

图6-53 小程序界面

```
button_on(){
  wx.closeBluetoothAdapter({});
  console.log('closed');
  setTimeout(()=>
  {
    this.bleInit_1();
  },1000
  )
  setTimeout(()=>
  {
    this.bleInit_2();
  },8000
  )
  setTimeout(()=>
  {
    this.bleInit_3();
  },8000
  )
},
```

```
bleInit_1() {
  console.log('searchBle');
  wx.onBluetoothDeviceFound((res) => {
    res.devices.forEach((device) => {
      console.log('Device Found', device)
      if(device.deviceId == "3B842427-0CF1-D12D-F4B3-7
        this.bleConnection(device.deviceId);
        wx.stopBluetoothDevicesDiscovery()
      }
    })
  })
}
wx.openBluetoothAdapter({
  mode: 'central',
  success: (res) => {
    wx.startBluetoothDevicesDiscovery({
      allowDuplicatesKey: false,
    })
  },
  fail: (res) => {
    if (res.errCode !== 10001) return
    wx.onBluetoothAdapterStateChange((res) => {
      if (!res.available) return
      wx.startBluetoothDevicesDiscovery({
        allowDuplicatesKey: false,
      })
    })
  })
}
```

图6-54 蓝牙连接按钮部分程序

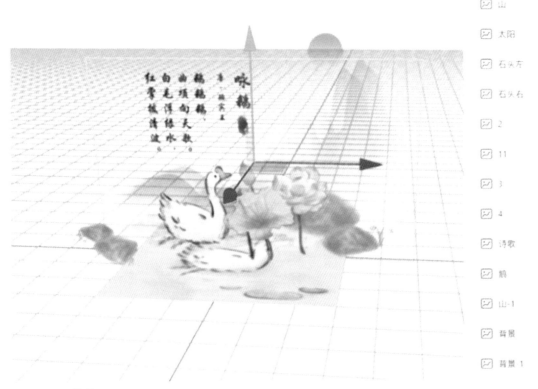

图6-55 AR模型

```
    {} project.config.json \    {} project.config.json  pages        index.wxml ×
资源管理器            ...    ☰ 🔖        pages > scene > 🔲 index.wxml > 🔷 kivicube-scene.kivicube
▸ 打开的编辑器                          <kivicube-scene
  WECHAT-KIVICUBE-PLUGIN-QUI...                class="kivicube"
  ▾ 📁 pages
    ▸ 📁 collection           3          scene-id="cyz8Mq8VHkI43XuS5MMW2O7IZDz62ee3
    ▾ 📁 index                          bindready="ready"
        🔲 index.js                      binderror="error"
        {} index.json
        🔲 index.wxml          6          binddownloadAssetStart="downloadStart"
        🔲 index.wxss                    binddownloadAssetProgress="downloadProgress"
    ▾ 📁 scene                           binddownloadAssetEnd="downloadEnd"
        🔲 index.js
        {} index.json                    bindloadSceneStart="loadStart"
        🔲 index.wxml                    bindloadSceneEnd="loadEnd"
        🔲 index.wxss
    {} project.config.json 1             bindsceneStart="sceneStart"
    {} project.private.config...         bindopenUrl="openUrl"
    ◈ .gitignore              13         bindphoto="photo"
    🖼 app.js
    {} app.json
    🔲 app.wxss                          />
    {} project.config.json
    {} project.private.config.js...
    ● README.md
    {} sitemap.json
```

图6-56 AR部分程序

6.2.9　设计效果与实践

6.2.9.1　设计效果图

产品基于古诗词拓展学习的主要功能，在现代简约方体的基础上融入了传统设计元素，材质上选用仿原木塑料外壳结合亚克力半透明灯罩，营造柔美的视觉形象，适用于新中式、现代风等多种家居环境（图6-57、图6-58）。

图6-57 效果图1

图6-58 效果图2

6.2.9.2　3D打印模型

最后，成品模型采用3D打印技术和白色树脂材质打印。前期打印时设计师发现初始原型存在尺寸误差问题。将模型进行改进后再次打印，虽然硬件可以安装进模型中，但屏幕排线接口预留尺寸过窄导致屏幕与主板接触不良，且磁吸安装过程太复杂。为解决这一问题，应该增加预留口宽度并去掉盖子下方磁吸接口，拉伸外壳处的磁吸预留口长度（图6-59）。而灯罩的半透明打印效果过于透明，没有磨砂质感，需要用600目砂纸水磨灯罩外表面才能达到朦胧效果。

6.2.9.3　智能方案效果展示

儿童智能语言学习玩具的最终实物效果展示如图6-60所示。该玩具帮助3～6岁儿童进行国学语言学习，使用具象化内涵的方式让孩子从根本上理解语言知识。依据孩子的年龄及学习能力匹配汉字成语、古诗的成长递进式学习，同时增加多样化的互动方式和声光反馈，持续性提升儿童兴趣（图6-61～图6-64）。

图6-59　安装硬件与结构改进

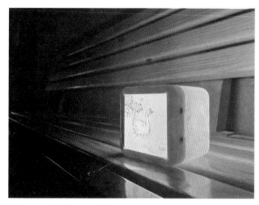

图6-60　最终呈现效果

图6-61　蓝牙效果展示

图6-62　日·月·明磁吸效果展示

图6-63　咏鹅磁吸效果展示

图6-64 旋转效果展示

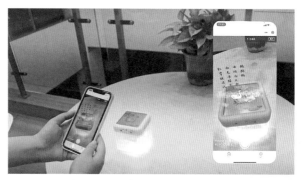

图6-65 AR效果展示

　　儿童智能语言学习模块还可以通过手机摄像头扫描功能、结合AR技术将平面上的诗句与画面以立体的效果呈现。这增加了儿童学习传统文化的趣味性和沉浸式体验感，有利于学习内容的记忆与吸收（图6-65）。

后记
一

本教材《交互设计》旨在探讨数智时代下交互设计的理论与实践，并致力于教会读者在数智时代下如何进行交互设计，帮助读者深入了解数智化对交互设计的影响以及应对挑战的方法与策略。在撰写本教材的过程中，笔者结合了前沿的理论研究与实际案例分析，以期为交互设计领域的专业人士、研究者以及学习者提供一份全面而深入的学习参考。

数智时代不仅改变了人们的生活方式和工作方式，也为交互设计领域带来了新的挑战和机遇。本教材从数智时代交互设计的概述开始，介绍了数智化的定义和交互设计迈向数智化的过程，为后续部分的深入讨论奠定了基础。随后，笔者系统地探讨了数智技术在交互设计中的应用，包括数字化增强效率提升、数智化赋能价值创造以及数智交互促进国家高质量发展等方面。在此基础上，笔者分析了数智化转变对交互设计从业人员的要求，包括跨学科思维创新能力、整合技术协作能力以及技术人文素养等方面；详细介绍了数据驱动的用户研究方法，包括用户研究的概念、方法等内容。在产品定义模式、数智赋能交互设计流程以及产品测试与体验度量等部分中，提供了丰富的案例和实践经验，以期帮助读者深入了解数智化技术，并将其应用于交互设计实践中。最后，通过智能产品交互设计实践案例的分享，展示了数智化技术在实际项目中的应用与探索，希望能够帮助读者更好地理解并应用数智化技术进行交互设计。

本教材的编写得益于国内外交互设计领域的前沿研究成果和实践经验，同时也得到了相关领域专家学者的支持与指导，在此致以诚挚的感谢。在编著过程中，笔者力求将复杂的理论概念与实践方法以简明的语言呈现给读者，同时笔者结合了大量案例分析和应用实例，帮助读者更加直观地理解理论知识与实践技能的关联。

鉴于交互设计领域的不断发展与变化，本教材难免存在疏漏与不足之处，敬请广大读者批评指正。希望本教材能够带给读者深入思考与启发，为您的学习与实践提供帮助！

参考文献

［1］ COOPER A. About Face 4：交互设计精髓［M］. 北京：电子工业出版社，2015.

［2］ 陈向明. 质的研究方法与社会科学研究［M］. 北京：教育科学出版社，2000.

［3］ 常成. 交互设计的艺术［M］. 北京：清华大学出版社，2022.

［4］ MATHER G. Foundations of Sensation and Perception［M］. 3rd ed. New York：Psychology Press，2016.

［5］ RASKIN J. 人本界面：交互式系统设计［M］. 史元春，译. 北京：机械工业出版社，2011.

［6］ SHNEIDERMAN B，PLAISANT C. 用户界面设计：有效的人机交互策略（第五版）［M］. 张国印，李健利，译. 北京：电子工业出版社，2010.

［7］ COLBORNE G. 简约至上：交互式设计四策略［M］. 李松峰，秦绪文，译. 北京：人民邮电出版社，2011.

［8］ CAGAN J，VOGEL C M. 创造突破性产品：从产品策略到项目定案的创新［M］. 北京：机械工业出版社，2006.

［9］ 孙远波. 交互设计基础［M］. 北京：北京理工大学出版社，2017.

［10］ 李四达. 交互设计概论［M］. 北京：清华大学出版社，2020.

［11］ HOLTZBLATTK，BEYERH. 情境交互设计：为生活而设计（第二版）［M］. 朱上上，贾璇，陈正捷，译. 北京：清华大学出版社，2018.

［12］ 吕云翔. UI交互设计与开发实战［M］. 北京：机械工业出版社，2020.

［13］ 蒋晓. 产品交互设计基础［M］. 北京：清华大学出版社，2016.

［14］ MAGAZINES. 众妙之门：移动Web设计精髓［M］. 赵俊婷，译. 北京：人民邮电出版社，2013.

［15］ GARRETTJJ. 用户体验要素：以用户为中心的产品设计［M］. 范晓燕，译. 北京：机械工业出版社，2011.